日本列島「富士」案内

地球物理学者、富士を語る

Katsutada Kaminuma
神沼克伊

青土社

日本列島「富士」案内　目次

日本列島「富士」案内　地球物理学者、富士を語る

まえがき

「古いな」と言われそうですが、私は一九一〇（明治四三）年に文部省唱歌として発表されて以来、当時の小学生（第二次世界大戦中は国民学校生）は必ず教えられた「ふじの山」が大好きです。その一番の歌詞は以下のとおりです。

あたまを雲の上に出し
四方の山を見下ろして
かみなりさまを下にきく
ふじは日本一の山

七五調で端的に富士山の特徴を表しています。覚えた子供たちは、いつかは富士山を見てみたい、登ってみたいとの夢や願望を抱き、富士山への憧憬が芽生えていったと思います。私自身、高校生の時に初めて富士登山をして、御来光を拝み、雲海を見て、最高点の剣が峰から西側に広がる南北アルプスを眼下にし、北西方向に見えた槍ヶ岳は印象的でした。下山を始めたら雷鳴が聞こえ、まさに歌詞の現象を実感しました。

日本人でも富士山を毎日見て生活できるのは、四〇〇〇万人程度と聞いたことがありますが、その姿を堪能できる人は全人口の二〇パーセント程度ではないでしょうか。しかし多くの人が、富士山を敬い、憧れています。

歴史的には弥生時代からの口伝えで、富士山への憧憬、崇敬は継続されてきたと思います。したがって、見た人はもちろん、見たことのない人の心にも、富士山は崇拝する対象の霊山だったのです。

日本人の富士山崇拝の一つの表れとして、日本中の至る所に多くの「ふるさと富士」が存在していることがあげられると思います。「ふるさと富士」は、その山の形が富士山に似ているのか、あるいは毎朝手を合わせる対象なのかという違いこそあれ、それぞれの土地に融合し、鎮座しているという点では共通しているように思います。本書ではこのふるさと富士を「郷土の富士」と「おらが富士」に分けて考えてみました。

「郷土の富士」と呼んだのは、北海道の「羊蹄山《ようていざん》」を「蝦夷富士」と呼ぶように、その呼び方が全国的にある程度認知されている山と定義しました。地図にもその名が示されています。

「おらが富士」は、とにかく近くの山の形が富士山に似ているから、そこに神が宿っていると考え毎朝手を合わせているうちに、いつしか「〇〇富士」と呼ばれるようになった山ですが、多くの場合はより一般的な別の呼称がある山です。そのような山の方がはるかに多いです。地域によってはそのような山をずばり「富士山」(ふじさん、ふじやま)と呼んでもいます。

ふるさとの富士山には山岳信仰の富士山、形が似ているための富士山、その両方がミックスしている富士山など、その起源はいろいろあるようです。そんなことを背景に日本各地の「富士山」を考えてみました。「ふるさと富士」に関しては、山の呼び方を含めて、すべて『ふるさと富士名鑑』（山と渓谷社編・発行、二〇一四）の「世界の富士・ふるさと富士データベース」に従いました。それぞれの富士の標高などは、他の資料と異なるところもありますが、基本的には同書に従っています。

執筆していて改めて、日本に富士山が多いことを知りました。また富士山は日本人の自然崇拝のバックボーンの役割も果たしているようです。富士山に興味を持つ皆さんにぜひ読んで頂ければ幸いです。

第1章　日本の象徴

1　心に宿る富士山

秀麗な山・富士山を日本人はいつから認識していたのでしょうか。私は弥生時代からではないかと想像しています。卑弥呼の邪馬台国が近畿地方にあったとしても、九州地方にあったらなおのこと、富士山のある地域は都から、はるかに離れた東国でした。しかし、卑弥呼の時代からおよそ五〇〇年後の八世紀に書かれた『古事記』にはヤマトタケルノミコトの東征伝説があるように、弥生時代でも東国との間にはわずかでも人の往来があったのでしょう（写真1）。

飛鳥時代には大和の国（倭国）の軍勢が朝鮮半島まで出兵し、白村江（ハクスキエまたはハクソンコウ）の戦いが行われたほどでしたから、防人《さきもり》として東国の人が九州にまで来ています。いろいろと東西の人の交流はあったのでしょう。東国の人、東国で富士山を見た人々の話から、当時の都人《みやこびと》へ東国にある美しい山の情報は届いていたでしょう。美しい山の話だけでなく、噴火をすれば荒ぶる山になることも伝わったはずです。

飛鳥時代の六八〇年頃、修験道の開祖とされる役小角が富士山に登ったとの伝承から、役小角が最初の登山者とされています。富士山が文書に登場するのは『万葉集』からでしょう。『万葉集』巻三の三一七、三一八によく知られている次の長歌と反歌があります。

長歌
天地の　分かれし時ゆ　神さびて　高く貴き　駿河なる
富士の高嶺を　天の原　振り放け見れば　渡る日の
影も隠らひ　照る月の　光も見えず　白雲も
い行きはばかり　時じくそ　雪は降りける　語り継ぎ
言ひ継ぎ行かむ　富士の高嶺は

このように富士山が大自然の悠久の時間の中で、美しい姿を示し続けている有様を、時空を越えて見続けられていることを歌い上げています。日本でようやく文字が使われるようになった時代で、富士は「不二」「不死」「不尽」などと表記されていますが、本書では全て「富士」とします。

反歌
田子の浦ゆ　うち出でて見れば　真白にそ
富士の高嶺に　雪は降りける

百人一首にも採用されているこの歌は、『万葉集』の中でも、また富士山を詠んだ歌としても高い評価を受けていますが、長歌に比較して、反歌は極めて写実的になっています。奈良の都では見ることのできない高い山、その頂上付近の白雪の風景は都人には極めて美しい風景に聞こえ、見たいと思う人が増えていったのでしょう。

なお反歌の「真白にそ」は「真白にぞ」ではないかと言う疑問が出されるかもしれません。私自身高校時代の古文の講義では「ぞ」と厳しく教わりました。斎藤茂吉の『万葉秀歌』（岩波新書、一九五四）では「ぞ」になっており、「ぞ」と表現されている例も数多く見られます。逆に万葉学者の犬養孝は「真白にそ」を使っています。本書は犬養孝の『万葉の人びと』（新潮文庫、一九八一）に従い「そ」にし、万葉学者の説をとっています。

写真１　秀麗の富士山

この長歌、反歌は山部赤人の作であることは改めて言う必要もないほど、有名な歌です。赤人は没年が天平八（七三六）年と言う説もあるようですが、生没年とも正確には分かりません。位の低い官人だったが、宮廷歌人として聖武天皇に仕えていました。『万葉集』の代表的歌人で三十六歌仙にも選ばれ、柿本人麻呂とともに歌聖と呼ばれています。

生まれは上総とする説もあります。いずれにしても各地を旅して自然の美しさを歌い上げ、多くの叙景歌を残しています。

奈良時代になると都から東国へのルートも整備され、旅する人も多くなって来たのでしょう。冬には全山雪に覆われ白扇を逆さにしたように見える、駿河の美しい富士山は、都へ戻った人々の土産話の中心だったかもしれません。八〇〇年代の激しい噴火を見た人は、山頂からの噴煙や時には火を噴く山の情景を事細かく話したことでしょう。このようにして、実際に富士山を見た人は少なかったかもしれませんが、日本人の心の中に冬には純白の山体になる富士山の美しい姿が形成されていったのでしょう。また火を噴くその姿は荒々しさとともに、優美や神々しさも感じさせるものだったと想像されます。こうしていつの間にか富士山は日本の象徴とも言えるように、人々の脳裏や心に刻まれたのです。

そんな中で、この時代に山部赤人よりも数十年も前に富士山を見た外国人がいたようです。七世紀の中頃、朝鮮半島では新羅、百済、高句麗の三国が鼎立し覇を争っていました。新羅・唐の連合軍と戦う百済を倭国が助けようとして、大敗を喫したのが六六二年の白村江の戦いでした。その後、新羅と唐に攻められた高句麗が倭国（日本）に助けを求めましたが、日本にはその力がなく、助けを求めて来日した高句麗人の中にはそのまま日本に留まる人が出てきました。また、その中には大和朝廷に官人として召し抱えられた人もいます。倭国が先進国の人をヘッドハントしたのです。高句麗国も滅亡し、日本に留まっていた人の中には一族を日本に呼ぶ人もいました。そして都周辺にはすでに亡命してきた人もいるので、その定住先を東国に求めました。

彼らは、熊野灘、遠州灘と海路を経て、伊豆半島先端から相模湾に入り、故郷に似た山のある地に上陸しました。その山は現在、神奈川県大磯町で高麗山《こうらいさん》（第6章5節参照）と呼ばれ、海岸に流れ出る花水川の周辺は唐河原《もろこし》と呼ばれています。私はこの高句麗人の一行は間違いなく三保の松原から駿河湾を通過し、伊豆半島までの航海の間に、富士山を眺めていたと考えています。この渡来人たちは朝鮮半島に帰国した人はほとんどいなかったでしょうから、富士山に関しての知識はまだ朝鮮半島には広がらなかったでしょう。しかし彼らは山部赤人が富士山を見る前に富士山を見ていたのです。おそらく富士山を初めて見た外国人と言えるでしょう。

その後、大和政権は関東近国に点在していた高句麗人を現在の埼玉県日高市に集め武蔵の国に高麗郡を作り、官人とした高句麗人をその長としました。彼らは当時の進んだいろいろな技術を日本に持ち込んでくれたのです。

平安時代になると、中国の文献には秦の始皇帝の命で、徐福と言う人が不老長寿の薬を探しに出かけたのが、富士山だとされています。中国にも日本の富士山は霊山として伝わっていたのではないでしょうか。

2　日本中に広がった富士山

都人をはじめ、日本中に広がった駿河にある神々しく秀麗な富士山ですが、地元の人たちにとってはどんな山だったのでしょうか。斎藤茂吉は『万葉秀歌』の中で次のような歌を紹介しています。

天の原　富士の柴山　木の暗の　時移りなば　逢わずかもあらむ　　東歌（巻十四・三三五五）

地元の人にとって富士山は日常見慣れた山であって、特に取り立てて賛美するほどの山ではなかったのでしょう。山麓の森林は鬱蒼としていて、生活に役立つ資源があったでしょう。日常の中に融け込んだ富士山を、人々はごく当たり前に受け入れていたのです。そんな中で、斎藤茂吉は次の歌も富士山を詠み込んである歌としてとりあげています。

妹が名も　吾が名も立たば　惜しみこそ　富士の高嶺の　燃えつつわたれ

作者不詳（巻十一・二六九七）

「取り立てて言うほどの歌ではないが」と断って紹介していますが、私はこの歌の「燃えつつ渡れ」が気になります。富士山の噴火活動が分かってくるのは第2章で詳述するように七八一年からです。『続日本記』にある「富士山から降灰があり木の葉が枯れた」という記述が最も古い記録です。それ以前の噴火活動がどの程度だったかは分かりませんが、少なくとも七世紀から八世紀、山部赤人の頃の噴火活動は静かではなかったかと考えていました。その時期に比喩的な表現かもしれませんが、このような歌が残されているのは注目に値します。

山麓に住む住民は富士山が火を噴く山であることは承知していたはずです。自分自身は見ていなくても、先祖から伝承され、火を噴けば恐ろしい山になることは分かっていたでしょう。しかし、奈良時代の頃までは「美しく神々しい富士山」が人々の心に浸透していっていたのです。

また斎藤茂吉は秀歌ではないが、富士山の歌あるいは注意すべき歌として、以下の歌も記載しています。

さ寝らくは　たまの緒ばかり　恋ふらくは　富士の高嶺の　鳴沢の如《ごと》　東歌（巻十四・三三五八）

富士の嶺に　降り置ける雪は　六月《みなづき》の　十五日《もち》に消ぬれば　その夜降りけり

無名氏（巻三・三二〇）

平安時代の『更級日記』をはじめ、いろいろな文学作品にも富士山は紹介されていました。しかし、より広く知られるようになったのは浮世絵によってでしょう。私は十分な知識はありませんが、それ以前に、例えば噴煙を上げる富士を描いた絵画があるとは聞いたことがありません。たとえばイタリアのベスビオ火山は西暦七九年の噴火のスケッチが、残されています。浮世絵では富士山は外国人にも知れ渡りましたが、その頃は噴火活動はしていなかったので、噴煙の無い富士山ばかりです。

斎藤茂吉の紹介でも明らかなように、山麓に住む地元の人々にとっては、そこにあるのは当たり前の富士山ですが、見たことのない人にとっては、憧れの山というイメージが拡大していったことでしょう。富士山は詩歌の題材になるだけでなく、多くの芸術を育み日本人の心に浸透していったのです。その結果、円錐形の独立峰で、火を噴く山（活火山）というイメージを持つ地元の同じような山を「富士山」と呼ぶようになったのだと思います。たとえば薩摩半島の最南端の開聞岳《かいもんだけ》は高さが一〇〇〇メートルに満たない山ですが、美しい山体からいつ頃からか「薩摩富士」と呼ばれるようになりました。いつ頃、誰が呼び出したのかは定かではありませんが、「我が郷土にも富士山と同じような美しい山がある」との主張から呼ばれるようになったのでしょう。

これらの山々は本家の富士山と同じように、地元ではその山容を誇るとともに、噴火に対する注意も、続けられているのです。

さらにこうした富士への憧れは、地域の主要な山や火山だけでなく里山に対してまで影響を及ぼすようになっています。いつのころからか日本列島のあらゆる場所に我が町、我が村、わが故郷の富士山が出現したと言えるでしょう。『ふるさと富士名鑑』（山と渓谷社編）によればそのような「おらが富士」は全国で四〇〇を超えています。

さらに日本人は、海外にある円錐形の火山に「〇〇富士」と命名し、勝手に呼んでいる山が五〇座以上もあります。呼ばれる山やその国の人は迷惑かもしれませんが、それだけ富士山は日本人の心の中に入っているのです。

コラム1　富士山の高さ

富士山の高さが初めて測定されたのは一七二七年でした。まだ日本で使われていた尺寸の単位で、三角法で測定されました。メートルに換算すると三八九五・一メートルでした。三〇〇年前としてはずいぶん良い精度と思えます。その後、いろいろな人が測定を行いましたが、その中には明治政府によって日本の若者の教育に招かれた御雇（外国）教師が何人もいました。その頃はほかの山の高さの測定もなされていませんから、富士山が日本一高い山とは決められなかったと思います。

一八八七年、現在の国土地理院の前身である陸軍陸地測量部が日本の地図作成の測量の一環として富士山の高さを三七七八メートルと測定しました。富士山の高さは保科（信州）の高山よりも五〇〇メートルも高いので、日本一はこの時点で明らかになりました。

高さの比較でも日本一より、二、三、四番目がなかなか決まりませんでした。現在は、ともに赤石山脈（南アルプス）の北岳（三一九三メートル）と間ノ岳（三一九〇メートル）、それに飛騨山脈（北アルプス）の奥穂高岳（三一九〇メートル）です。

3　浅間神社と浅間山

富士山の八合目付近から山頂付近一帯は現在、「富士山本宮浅間大社《ふじさんほんぐうせんげんたいしゃ》」奥宮の神域になっています。後述しますが、荒ぶる富士山を鎮めようと、富士山を神格化した時、浅間大神を祀ることになったのです。その時点で浅間大神は火を噴く山を鎮める神と考えられていたようです。

はじめのうちは主に地元の人々が麓から山頂を仰いで祈る「遥拝信仰」だったでしょう。現在静岡県富士宮市の山宮浅間神社《やまみやせんげんじんじゃ》がその場所の一つですが、社殿はなく、石を並べて祭祀場所を区分けし、そこから山頂に向かって手を合わせていたのでしょう。

初めはただ山頂に向かって無心に手を合わせていたのが、飛鳥時代の頃には山頂に浅間神が宿る

写真2　浅間山の 1973 年 3 月 10 日のブルカノ式噴火

と考えられるようになり、祈る人々の心に神が形作られていったのではと私は推測しています。

私はこの浅間大神と浅間山の関係が気になっているのですが、なかなか答えが見つかりません。浅間大神は火山の神様などと言われますが、その根源は長野県と群馬県の県境に位置する浅間山にあるのではないかと推測しています（写真2）。

日本列島内の人々の交流もなかった時代、多分縄文時代ごろまでは、富士山も、浅間山も当然のことながら、それぞれ独立した火山でした。信濃や駿河といった国名が付けられるはるか前の話です。浅間山は富士山同様、あるいはそれ以上に活発な火山活動を繰り返していたのでしょう。地元の人はその浅間山を鎮めるために、浅間大神を考え、浅間山を敬っていたのではないかと思います。

紀元前二七（垂仁天皇三）年に富士山の噴火を鎮めるために浅間大神が祀られたと言われますが、なぜ浅間大神だったのかと言う疑問です。これは信濃の浅間山を鎮めるために存在していた浅間神を、同じ火山の神として富士山に招いたのではないでしょうか。火の神として最も目的に合致したのが　浅間大神だったと考えるのが、一番矛盾がないと思います。

八〇〇年に始まった富士山の噴火に対し、坂上田村麻呂が現在の富士宮市にある場所に社殿を建て、山宮浅間神社（遥拝所の場所）から遷宮しました。その結果、富士山信仰は富士山本宮浅間大社を拝することになったのです。現在では全国に約一三〇〇社の浅間神社が招請され、富士山本宮浅間大社はその総社です。なお現在の主祭神は木之花佐久夜毘売命《このはなさくやひめのみこと》ですが、それは後世になってからの事になります。

4　ゴッホも知っていた富士山

時代とともに富士山は日本を訪れた外国人の間にも少しずつ知られていったようです。そんな中で、ゴッホが富士山に興味を持っていたことを知り嬉しくなりました。その背景をたどっておきます。

富士山は一八世紀末から一九世紀にかけ葛飾北斎（一七六〇～一八四九）や歌川広重（一七九七～一八五八）などにより、浮世絵の画題となり、多くの作品が残されました。北斎の「富嶽三十六景」や広重の「東海道五拾三次之内」などがその代表作とされ、富士山が描き込まれています。この時代の富士山は現在と同じように宝永噴火の後の静穏期で、噴煙は描かれておりません。

江戸時代の当時、日本からは長崎のオランダ商館を通して多くの品物が輸出されていました。一八五〇年ごろ、その中で陶磁器の詰め物として北斎の漫画が使われ、パリに送られました。そのまま捨てられるはずの漫画の斬新さに気づいたヨーロッパの人々は、日本の浮世絵に注目し始めたのです。

一八七三年、明治政府はウィーンで開催された万国博覧会に初めて出品したのを契機に、日本美術（浮世絵、琳派、工芸品）に多くの関心が寄せられ、芸術家たちに大きな影響を与えました。ヨーロッパ人の日本趣味は第一次世界大戦まで続き、その現象を「ジャポニズム」（英語）、「ジャポニスム」（フランス語）などと呼ばれています。絵画で最も影響を受けたのは印象派の画家のフィンセント・ファン・ゴッホ（一八五三〜一八九〇）やエドガー・クロード・モネ（一八四〇〜一九二六）たちで、中でもゴッホはジャポニズムの代表的な画家とされています。

私は絵画にはあまり関心がありませんが、小学生の時、ゴッホが自画像を批判され自分の耳を切って、その正しさを証明したとの話を聞いて以来、ゴッホの絵だけはどこの国の美術館に行ってもよく見ていました。オランダのアムステルダムで国立ゴッホ美術館に行き、恥ずかしながらそこで初めて「ジャポニズム」を知り、改めて日本の浮世絵を見るようになりました。「ジャポニズム」は私にとっては逆輸入の知識です。ゴッホが影響を受けたという浮世絵で、例に出されるのが「富嶽三十六景」の中の「神奈川沖波裏」です。

富士山と波と船三艘が描かれていますが、遠方の富士山が小さいのは当然としても、砕ける寸前の波が大きく描かれ、その間に漂うように、人で満員の船が描かれています。完全にヨーロッパの「遠近法」からは逸脱しています。またそのネーミングもすごいと思います。「波裏」と言う表現に、その感性の鋭さが現れています。この絵は絵画としても迫力があり、私も複製を購入していた浮世絵でした。

ゴッホもその技法に魅せられ、ジャポニズムを代表する画家になりました。ジャポニズム以後の彼の絵の変化を、展示作品で説明されると、素人ながらすぐ納得できました。そして北斎や広重の描いた富士山を見て、ゴッホは何を感じたか、ぜひ聞いてみたいと、かなわぬ願いが生じました。

5　チェリー・ガラードの紹介

富士山に関してもう一人紹介したい人がいます。生物学を専攻する自然科学者のチェリー・ガラードで、富士山を世界に向けて紹介してくれた人です。

富士山は日本国内では浮世絵をはじめ、多くの画家によって描かれ紹介されています。しかし、数あるなかでも私が最も感銘を受けた外国図書での富士山の紹介は、一九一〇〜一九一二年に南極点到達を目指して、南極・ロス島のエバンス岬で越冬したスコットの率いるイギリスの南極探検隊隊員のチェリー・ガラードによるものでした。

チェリー・ガラードは生物学者で南極探検隊に参加する前には日本にも来て調査をしています。その時富士山も十分に眺めていました。彼は目に障害があったようですが、志願して南極探検隊員にも選ばれました。

この時のイギリス探検隊の大目標は南極点到達でした。隊長のスコットをリーダーに一九一一年一一月一日、一行は南極点を目指して越冬基地を出発しました。途中でサポート隊を返し、最終的には五名で一九一二年一月一七日、南極点に到達しました。しかしそこには、ノルウェーのアムンセン隊が立てたテントが残り、中にはアムンセンのスコットに宛てた手紙が残されていました。アムンセン隊は約一カ月前の一二月一四日に南極点に到達していたこと、自分たちが無事帰還できなかった場合には、この事実を世間に伝えて欲しいことが記されていました。

失意のスコット一行は帰路につきましたが、天はあくまでも彼らに厳しく、南極大陸の氷原からロス棚氷上まで降りてきて、食料や燃料を備蓄してあるデポ地点を目前にして最後のテント場で力が尽きました。スコットの最後の日記には「三月二九日……これ以上書き続けることはできない。最後に私たちの家族のことを頼みます」とありました。彼らの遺体は一九一二年一一月一二日にチェリー・ガラードら捜索隊によって発見されました。

イギリスに帰国したチェリー・ガラードは一九二二年に越冬記を上梓しました。題名は『世界最悪の旅（The worst journey in the world）』です。日本でも翻訳書が二、三出版されています。この題名から最近（二〇二四年）でも、この書籍の内容はスコットの南極点旅行だと理解している識者がいることに驚きました。スコットたちの南極点旅行ではありません。

南極探検隊は越冬中に多くの調査旅行を実施しています。チェリー・ガラードは南極点旅行で不帰の客となった医師のエドワード・ウィルソン、フィールドアシスタントのヘンリー・ボアーズの三名で、南極の真冬の六月下旬から七月下旬までの一カ月間、ロス島の東端のクロージア岬まで往復二〇〇キロメートルの徒歩旅行を実施しました。クロージア岬の東の海岸にはコウテイペンギンの集団営巣地（ルッカリー）があり、六月頃が産卵期で、生物の進化の解明のために必要な卵を採集するのが目的の旅でした。

一日中太陽の出ない極夜の季節、人引きぞりで、方向を定めながら行進し、夜の時間になればテントを張って寝るのです。朝になれば人の息や炊事の水蒸気で重くなったテントをたたみ、再び行進を続けます。天候が悪くなればテントを張って同じ場所に停滞します。時には強風によりテントが吹き飛ばされたこともありました。彼らは一カ月後に、目的を達して無事、越冬基地のエバンス岬に戻りました。

チェリー・ガラードはこの旅を『世界最悪の旅』と記したのです。スコット隊が越冬基地としたロス島は東京の南々東約一万三〇〇〇キロメートル、南緯七七・五度、東経一六八度付近に位置し、東西およそ八〇キロメートル、西側の南北は八〇キロメートル、東側は四〇キロメートルの火山島で、西側に三七九四メートルで現在もときどき噴火しているエレバス山、東側に三二三〇メートルのテラ山が並んでいます。

越冬基地のあるエバンス岬はエレバス山の西麓、山頂から南西に二〇キロメートルの海岸に面しています。基地の背後にはエレバス山がそびえ、それはちょうど田子の浦から眺める富士山の景色に相当します。

エレバス山は一九七三年に山頂火口内に溶岩湖が現れ、以来今日まで五〇年近く活動を続けている活火山です。私は一九八〇年代の一〇年間、アメリカやニュージーランド隊との共同でこの火山の研究を続け、その活動形態を解明しました。そのためか、アメリカ隊はテラ山の南西斜面、標高二〇〇〇メートルに位置する雪の崖を「カミヌマブラフ」と命名してくれています。私にとっては二つ目の南極についた地名です。

そんな背景があるので、私はエレバス山には二回の冬を過ごした昭和基地よりも愛着を持っています。そして、チェリー・ガラードの次の表現を読んで、感激しました。彼は越冬するにあたり次

写真３　南極ロス島にある活火山・エレバスとエバンス岬のスコット隊（1910~1913）の越冬小屋

のように記しています。

私は日本の富士山を見たことがあるが、世界の山々の中で富士山は最も秀麗で優雅な山である。その優美な姿はミケランジェロしか表現できない。

エレバス山は世界中で最も重厚な感じを与える山である。われわれはその麓で生活できるので、何物にも比較できないほどうれしい。

日本人として、また南極研究者として、またエレバス火山を研究した者として、このような表現を読み感激し、その気持ちは時間がたっても変わりません（写真3）。

第2章　活火山・富士山

1　富士山の形成

富士山は日本で最も大きな火山ですが、その山はどのようにして形成されていったのでしょうか？　現在の地球科学では日本周辺の火山噴火も大地震の発生も、ともにプレート運動によって起こされると考えられています。日本列島付近ではユーラシアプレート、北アメリカプレート、太平洋プレート、フィリピン海プレートが相接しています。そしてその四枚のプレートが首都圏付近で接しているので、首都圏付近は地震活動の活発な地域という宿命があります。世界各国の首都の中でも東京は、ニュージーランドのウェリントンとともに、プレート境界という特異な地域に位置しているのです。

富士山は四枚のプレートの接している西端に位置しています。海洋プレートのフィリピン海プレートがユーラシア大陸のユーラシアプレートの下に沈み込んでいます。そのフィリピン海プレートは海底火山で出現した島を乗せて北上して来て、ユーラシアプレートの下に沈み込んだ結果、その島は日本列島に接続し、現在の伊豆半島が出現しました。およそ一〇〇万年前の出来事です（写真4）。

このため西の赤石山脈や中央構造線、さらには東側の関東山地が大きく逆Uの字に曲げられまし

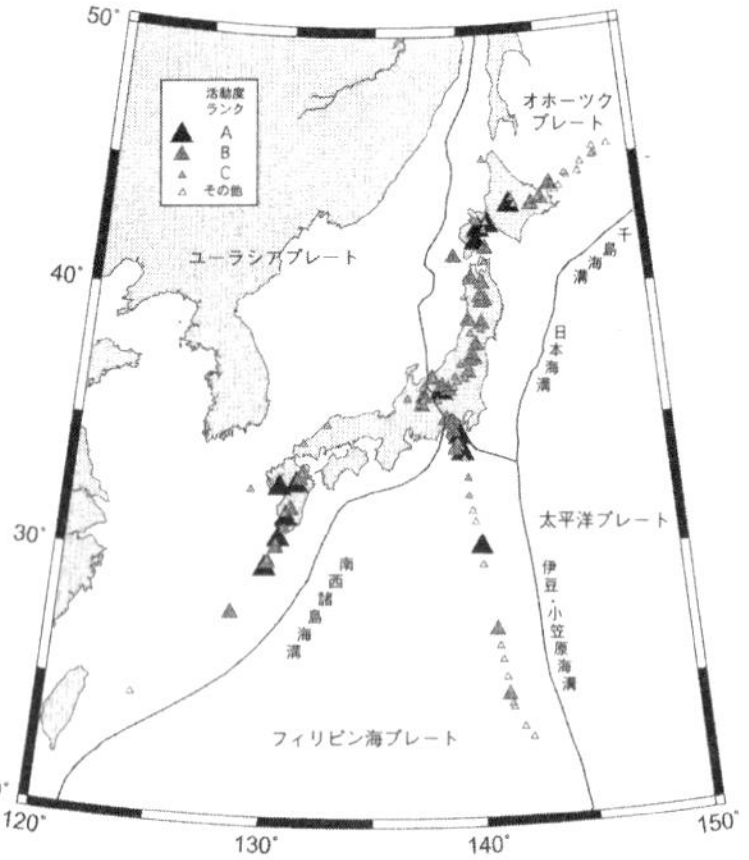

日本の活火山（▲）とプレートの分布

写真４ 日本の火山分布（東日本火山帯フロントと西日本火山帯フロント）と相接する４枚のプレート（『地震と火山の100不思議』東京書籍より）

た。中央構造線とは数千万年前に形成され、南関東から中部地方、紀伊半島や四国の北部を通り九州中部まで、日本列島の西側部分を東西に横たわる大きな断層です。その北側と南側では地質構造も異なります。その逆U字は東側に神奈川県の丹沢山地、北側に山梨県の御坂山地、西側の静岡県には天子山地が囲み、南側には駿河湾が位置し、直径約五〇キロメートルの大低地を形成しています。

富士山はその低地に噴出した火山です。富士山の東側には箱根山が噴出し、富士山はそれに続いて形成されていきました。箱根火山の噴出は一〇〇万年から数十万年前に始まったと考えられていますが、富士山は四〇万年前からその姿を現したと考えられています。

当時の富士山の山体は先小御岳火山と呼ばれ、その火山活動が続きました。同じころその南側の駿河湾沿いに愛鷹火山も出現しています。火山地質の専門家はこの時期を富士山の一階構造の活動と呼んでいます。現在の富士山の基礎ができた活動です。

二十数万年前から十数万年前には、小御岳火山が、先小御岳火山を覆うように噴出し、二階構造の山体が形成されていきました。十数万年前になると愛鷹火山は活動を終えましたが、小御岳火山の上には古富士火山が出現しました。詳細は分かりませんがこの火山活動は富士山のような玄武岩質の火山としては例外的に大きな爆発的な噴火をしたようです。この爆発で放出された大量の岩屑（スコリア）や火山灰は風下側になる東側の、南関東に広く分布しています。その風化した赤土は関東ローム層と呼ばれています。この段階で富士山は三階構造になりました。

およそ一万七〇〇〇年前から新しい活動が始まりました。現在の富士山、新富士火山の出現です。新富士火山も古富士火山を覆うように出現しましたので、この段階で富士山は四階構造の火山体になりました。

この噴火活動の初期の数千年間には大量の溶岩を噴出する噴火が繰り返され、山麓には広い溶岩原が広がっていたようです。北東方向には猿橋溶岩流が、南東方向には三島溶岩流などにその姿を留めています。

活動の中期には、山頂火口や点在する側火口からの噴火を繰り返し、山体を現在の美しい円錐形の成層火山に成長させました。また爆発的な噴火も繰り返され、二七〇〇年前には爆発により山体東部が大崩壊し、砂礫は岩屑なだれとなって現在の御殿場市一帯に堆積しています。山頂火口からの噴火は二二〇〇年前に終わり、その後は山麓や山腹からの噴火が続いています。

円錐形の富士山ですが、北側あるいは南側から見ると、東側がなだらかで、西側がやや急峻です。これは西風が卓越しているため山頂火口から噴出した火山灰は東側に流され堆積した結果です。

このような噴火活動で山体が形成されましたが、一〇万年の間に四〇〇立方キロメートルのマグマが噴出したと見積もられています。もちろん日本列島最大の火山です。

最高点の剣が峰は山頂火口縁の南西側にあります。したがって真冬の白扇を逆さにしたという光景は西側の田貫湖（田貫沼）付近からの撮影が、最高と言われています。

玄武岩質の火山は噴出する溶岩が流れやすく、ハワイの火山のようにあまり大きな爆発は起きないと考えられています。しかし富士山では爆発的な噴火も繰り返され、しかもその噴出は山頂火口、山腹火口、山麓と山体の周辺から起こり、溶岩流、火砕流、火山灰などを噴出しています。このように富士山の噴火は、山体内のいろいろな噴火口から、様々なタイプの爆発が繰り返され「噴火のデパート」とも称せられています。

現在のところ、最後の噴火は一七〇七年の宝永噴火で、東側の標高二五〇〇メートル附近に宝永火口と宝永山とが出現しました。

写真５　1707 年の噴火で出現した富士山の宝永火口と宝永山（右側ピーク）

美しい山体を東側から見ると大きな穴が見え、北や南から見ると、円錐形のなだらかな斜面にこぶができました。私はこれから噴火するごとに、富士山の美しい山体が、崩れてくることを心配しています。しかし、その速度は、人間の寿命に比べればはるかにゆっくりとしている、つまり遅いので、私の生きているうちは現在の姿を見せ続けてくれるだろうと期待しています（写真５）。

2　富士山の火山活動

日本の火山活動の研究や調査は震災予防調査会によってまとめられ一九一八年に発行された『日本噴火志（上・下）』によるところが多いです。震災予防調査会は一八九一年の濃尾地震の後、地震災害の防止と地震現象解明の目的で組織されました。研究者は各大学や関係機関に所属し、そこでそれぞれのテーマを研究し、文部省内にあった事務局を通じ成果を発表していました。成果は主に震災予防調査会報告として発表されていますが、『日本噴火志』はその八六号（上編）、八七号（下編）に掲載されています。

使用した史資料は冒頭に記載されていますが、それ以前にまとめられた「本邦大地震概報」が東京大学史料編纂所の史資料に基づいているので、火山の場合は古い記録が、地震と同じ史料編纂所の史資料に基づいていると推測できます。火山噴火では『地学雑誌』、『東洋学芸雑誌』など当時の新しい学術雑誌なども参考にしています。

最も古い噴火記録は六八四年一一月二九日（天武天皇一二年一〇月一四日）の伊豆諸島付近の火山活動の記載から始まっています。たとえば『理科年表』（丸善、毎年発行）の「日本の活火山に関する噴火記録」もこの『日本噴火志』が基になりまとめられています。富士山の活動に関しても、この『日本噴火志』の情報が基礎になっています。

記録に残る富士山の噴火活動は『続日本記』にある七八一年八月四日（天応元年七月六日）に降灰があったというのが最初です。九世紀に入ると富士山の火山活動は活発になりました。八〇〇年四月一五日（延暦一九年三月一四日）に始まった噴火では東西交通の要衝だった足柄峠が灰で埋まり、箱根路が開かれるきっかけになりました。この噴火活動は八〇二年まで続きましたが、八〇一年に北東に流れだした溶岩は山梨県の桂川渓谷から猿橋に達しました。溶岩流の総延長は三〇キロメートルに及びます。

八六四年六月（貞観六年五月）、富士山は大噴火を始めました。噴火は翌年まで続き、溶岩流は北側の多くの人家を埋め本栖湖にまで達しました。青木ヶ原溶岩は北に流れ出し「せの湖」を西湖と精進湖に二分しました。この時に溶岩流が流れ出た地域は現在では植生が回復し、青木ヶ原樹海と称されています。この溶岩流の中にある鳴沢氷穴は溶岩トンネルで年間の平均気温が三℃であり天然の冷蔵庫とされています。この溶岩流の中には点々と溶岩トンネルが残り、氷穴、風穴、人穴などと呼ばれています（写真6）。

写真6　富士山麓にある溶岩トンネル（氷穴）の中には夏でもツララが下がり氷柱がある

八七〇年にも噴火があったと神奈川県寒川神社に日記録があるとの報告があります。九三七年一二月（承平七年一一月）、九九九年三月（長保元年三月）にも噴火の記録が残されています。

一〇三三年一月二五日（長元五年一二月一六日）、一〇八三年三月二五日（永保三年二月二五日）にも噴火の記録があります。平安時代の紀行文で一〇六〇年頃に書かれた『更級日記』には「……富士の山はこの国なり……山のいただきの少し平らぎたるより、煙はたちのぼる。夕ぐれは、火のもえたつも見ゆ……」とあるので、火口内には溶岩湖が存在し、火山活動が続いていることを示しています。

一一〇〇年代から一四〇〇年代には噴火の記録がありません。一二八二年頃に書かれたとされる『十六夜日記』には「……富士のけぶりもたたず……」と山麓から見ても噴火している様子は見られないことを示しています。

一五一一年（永正八年）、一五六〇年（永禄三年）に富士山噴火の記録が残されています。一六二七年（寛永四年）にも富士山の噴火があり、江戸でも灰が降りました。一二世紀から一五世紀まで、静かだった富士山は一六世紀には、再び火山活動を始めたようです。

一七〇〇年（元禄一三年）年に噴火が記録されていますが、一七〇七年一二月一六日（宝永四年一一月二三日）から大噴火が発生しました。南東の山腹に大きな火口（後日宝永火口と命名）が生じ、大量のスコリア（岩屑）や火山灰が噴出しました。噴出物は成層圏にまで達し東に運ばれ、火山灰は九〇キロメートル離れた川崎で五センチ、江戸でも数センチ堆積しました。

「江戸にては二三日午前一〇時頃に「空響キ」あり地は震動せざるも、家屋戸障子の鳴り響くこと強かりし」と震災予防調査会報告には記載されており、その爆発の空気振動は江戸でも大きかったことが伝わってきます。火山灰が空を覆っているため日中でも暗く、遠く火山雷の発生も認められています。

このような爆発は二週間繰り返され、東麓の須走村は噴出した岩屑が三メートルも堆積し、家屋の半分は焼失し、半分は堆積物の重みで倒壊しました。神奈川県の西を流れる酒匂川は岩屑が堆積して埋まり、ダム湖が出現、それが氾濫して下流の足柄平野は大きな被害を受けています。

噴出物の総量は七億立方メートル（『理科年表』、二〇二四）とも八・五億立方メートル（『日本活火山総覧（第二版）』気象庁、一九九一）ともされています。いずれにしても膨大な量の岩屑や灰が噴出したのです。

一七〇八年、一七〇九年にも噴火があったようですが、はっきりと認められたものではなさそうです。富士山ではこの噴火を最後に今日まで、噴火活動は起きていません。

富士山は噴火の可能性のある火山ではありましたが、二〇世紀までは「休火山」と定義され、噴火の心配はない山として扱われていました。山頂には主に台風の襲来に備え、気象庁が測候所を設けレーダーを設置して気象観測を実施していました。しかし、気象衛星の発達で、富士山の気象レーダーは撤去され無人観測点となりました。

火山噴火予知計画が発足し東京大学や防災科学研究所が地震計や傾斜計を設置した観測点を山麓周辺に設け、噴火に備えた観測が二〇世紀後半からなされています。二〇〇〇年頃この観測網によって火山体直下二〇キロメートル付近で低周波の火山性地震の発生が観測され、関係者は噴火の兆候と心配しましたが、その活動はそれだけで終わりました。低周波地震、つまりゆっくりとした揺れは付近に流体が存在していることを示します。その結果マグマがこの付近にまで上昇してきたのではと考えられましたが、現在はそのような兆候は認められていません。

二一世紀に入り、一部の研究者から「宝永の噴火から三〇〇年が経過した。次の噴火は近い」と言うような発言が繰り返されました。その研究者たちの専門は地質学で、富士山の地質構造などから、過去の噴火活動を研究している人たちでした。地球物理学の視点からは「地下のマグマが上昇し、深いところで地震が起き始め、その地震発生領域がだんだん浅くなっている、地震が地下三キロメートル付近でも起き出した」と言うような話ですと、「噴火が近い」と心配されます。しかし「前の噴火から三〇〇年が経過したから次の噴火が近い」との発言では、「噴火発生」に関してはまったく無意味な発言です。過去の噴火を見れば三〇〇年、四〇〇年噴火していない期間があるのです。もし彼らが噴火の近いことを確信し、本当に住民のことを心配しての発言だったなら、噴火するまで発言を続け注意を喚起すべきです。しかしその発言からほぼ二〇年近くが過ぎた今日、そのような発言は聞かれませんし富士山は平穏で噴火の兆候は確認できません。

富士山が活火山であると言う啓発は必要ですが、それをすぐ噴火に直結させて、あたかも噴火が近いというような発言は、人々に余計な心配をさせるだけで、私は「控えるべき発言」と考えています。

3　周辺の景観

富士山は日本列島内では最大のボリュームを有する山です、それだけに多くの特徴が見られますが、西側山麓は高原を形成しながら天子山地へと続きます。すでに述べたように南側から見た場合には西側斜面のほうが、東側斜面より急峻です。中腹に宝永山の出っ張りがありますが、東側の斜面はなだらかで箱根山まで広い裾野を形成しています。

南側からの富士山は駿河湾越しに、広い裾野が広がりそこから円錐形の頂上まで、遮るものなく突き上げる姿は、絶景の名にふさわしいです。特に三保の松原からの風景が絶賛されるのは、松原がアクセントになっているからでしょう。

すっきりしている南斜面に反し北側山麓には点々と小さな丘が並び、昔の噴火口を示しています。丘は流出した溶岩が冷えて固まった溶岩ドームです。溶岩で仕切られた湖水は五つ、富士五湖と称せられ、それぞれの湖水を前景にした富士山の景観は写真映えがします。

山頂に太陽が隠れる瞬間の写真を撮るのと、山頂から後光のように光が広がる姿を写すことができます。これはダイヤモンド富士と呼ばれています。ほかにも「逆さ富士」があります。富士五湖などの湖面が静かな時に、富士山が反射して上下対称の二つの富士山が見えることの雅称です。

二〇二四年に新しいデザインの千円札が発行されるまで使われていた野口英世の千円札の裏側の富士山は本栖湖に写る「逆さ富士」です。西側山麓はすでに述べた白扇を逆さにしたような富士山が撮れる田貫湖があります。田貫湖ではまさに白扇を逆さにした「逆さ富士」が撮れます。田貫湖を入れて富士五湖が「富士六湖」と言われた時代もありましたが、最近は聞かれないようです。

白糸の滝は浅間山山麓など火山地帯のあちこちにありますが、田貫湖の近くの富士山の白糸の滝が最大ではないかと思います（写真7）。

火山の山体は透水性のある溶岩や火砕性堆積物があり、その下の岩盤との間が雨水の通り道になります。浅い地下を通り山麓で泉となり、地表に流れだします。白糸の滝はその浅い地下の流れが崖になっているところで滝となって流れ落ちているので、細い流れが何条にもなっているのです。箱根山では白糸ではなく「千条（ちすじ）の滝」と呼ばれています。

南東側の三島に流れ出た地下水は柿田川となり、すぐ狩野川に合流して駿河湾に注ぎます。柿田川は国指定の天然記念物で、日本名水百選にも選ばれている日本一短い清流と言われています。北側の忍野八海も富士山の伏流水の湧き出し口になっています。富士山本宮浅間神社は、伏流水が湧き出ている湧玉池があり、そのため建立場所に決められました（写真8）。

富士山の豊富な地下水は水資源として、観光ばかりでなく、飲料水や工業用水として広く利用さ

写真７　富士山からの伏流水が流れ落ちる白糸の滝

写真８　伏流水の湧き出し口の湧玉池。富士山本宮浅間大社の境内になっている。

写真９　９世紀に噴出した溶岩流（青木ヶ原溶岩流）の上に復活した植生。現在は樹海と呼ばれている。

れています。南麓にはこの地下水を利用して製紙業が発達しています。

北側の青木ヶ原溶岩の上に再生した植生は、溶岩の流出から一二〇〇年が過ぎ完全に回復成長し、樹海と呼ばれるほどになりました。溶岩のため樹木の根は地表付近でそれぞれの溶岩を抱え込むように張っていますが、一〇〇〇年を超える年月を経て、大きく成長しています。また前節で述べたように、北側にはあちこちに溶岩トンネルが潜在し、風穴などと呼ばれ、一部は観光的に入ることも出来るようになっています（写真９）。

日本を訪れる多くの観光客は、やはり富士山を見るのを楽しみにしている人が多いようです。外国人ばかりではありません。西から上京してきた人が、車中から見た富士山の姿を夢中になって話していることは、二〇世紀の中ごろまでは度々ありました。毎日富士山を眺められる私を含めた関東地域に住む人たちからは、珍しくもない光景でしたが、日本人はそれだけ富士山への憧れがあるのでしょう。

東海道新幹線が開通したころは、東京から出発して三島を過ぎる頃になると車掌が「右側に富士山が見える」と説明していましたが、最近は聞かれなくなったように思います。富士山を毎日眺めている私ですが、新幹線で眺める富士山や、富士吉田市から眺める富士山は、迫力を感じます。観光スポットは私などより、観光できた外国人の方がよほど知っている時代になりました。

「左富士」を知っている人は、現在の日本にどのくらいいるのでしょうか。江戸時代の「左富士」は、東海道新幹線で富士山を見るのと同じくらいの楽しみがあったようです。江戸から京に行く東海道は、最初はやや南方向に歩き藤沢あたりから西向きに進むことになります。ですから富士山は常に進行方向右側に見えるはずです。ところが道中二カ所だけ東海道が北へ曲がりくねる場所があり、そこでは富士山が左側に見えることから「左富士」の名称が付いたようです。てくてくと単調に歩く昔の旅のアクセントだったのかもしれません。

「左富士」になる場所の二カ所のうちの最初は神奈川県茅ケ崎市の西側で鶴嶺八幡社大鳥居のある鳥井戸橋付近です。「南湖の左富士」と呼ばれています。二番目は「吉原の左富士」で、現在は富士市になっていますが、旧静岡県吉原市依田橋町で道が北側に迂回する所で富士山は左側に見えます。歌川広重の浮世絵にも描かれています。

鉄道でも東海道在来線は茅ケ崎付近で東海道とほぼ平行に走りますので、ほぼ同じ場所で車窓の左側に富士山を望むことができます。しかし、吉原付近では東海道新幹線はもちろん在来線も、東西に走りますので左富士は見られません。むしろ富士川を渡ってからは在来線は進行方向が南西になりますから、左富士が見えるかもしれませんが、私は確認したことはありません。

東海道新幹線はほぼ東西に走っていますのでほとんど右側の車窓からだけ富士山が見えます。静岡を過ぎ安倍川を渡ったあたりで左富士が見える箇所があると聞いたことがありますが、私は確認していません。

ＪＲ中央線で長野県の松本から新宿に向かい、山梨県の県境手前に「富士見」と言う駅がありま す。この付近から車窓の右側はるか前方に富士が見えてきます。やはり「富士山が見える」と感激する瞬間のようです。

飛行機で外国から帰国する時、富士山が見えるとああ帰って来たなと、無事帰国できたことに感謝することは度々あります。国内便では羽田を離陸して間もなく、「富士山が見えます」との機長のアナウンスがありますが、残念ながら私は一度も見たことがありません。やはり興味のある人は最初から、富士山が見られそうな席を予約しているようです。西から羽田に飛ぶときは名古屋を過ぎたあたりで、富士山は確認できます。やはり富士山は高い山だなと見るたびに感心します。

日本人にとって、富士山は世代を問わず心に宿る山だなと改めて思います。

コラム２　溶岩トンネルと溶岩樹形

火山噴火で溶岩が流出してくると、時間とともに流出した溶岩の表面は固結してきてパイプ状になります。その中の溶岩は流動性を持ち続け、溶岩流の先端から流れ続けます。このため溶岩流の上流部分にはトンネル状の空洞が形成されます。このようなトンネルを溶岩トンネルと呼びます。富士山の周辺にはこのような溶岩トンネルが八十余カ所見つかっていて、風穴とか氷穴などと呼ばれています。

流れ出た溶岩が立ち木を取り囲みそのまま、流れ続けます。溶岩に閉じ込められた立木はそのまま焼かれ、立木の部分が空洞となって残っています。このような空洞を溶岩樹型と呼び、富士山麓では船津胎内樹型や吉田胎内樹型が知られています（写真6参照）。

4　古代人の富士山

日本列島に我々の祖先が住むようになったのがいつ頃からかは定かではありませんが、少なくとも五万年前の石器時代の遺跡は確認されているのですから、人類の定住はそれ以前からでしょう。富士山は古富士火山が活発に活動していたころです。富士山は三階構造構築の真最中で噴火するごとに形が変わり成長を続けていたでしょう。石器時代の人々にとって富士山は噴火を繰り返す山、あるいは噴火を繰り返す恐ろしい山程度の存在だったでしょう。ただ遠くから眺めていたか、あるいは獲物を追ってその山麓を走り回っていたことでしょう。

縄文時代になると氷河期も終わり、日本列島は温暖となり動物も魚も多くなり、獲物は豊富で豊かな食生活だったのではないでしょうか。人々の定住が始まるのもこの頃のようです。その間に富士山は四階構造の段階になり、新富士火山が形成されていきました。

弥生時代に入り水稲農耕が始まり弥生式土器が作られ始めました。農耕が始まると人々は豊作を祈って天候を気にするようになりました。富士山周辺に居住していた弥生人にとって豊作を祈る対象は何だったでしょうか。私はそれを富士山だろうと思います。四階構造の仕上げの段階に入っていた富士山は、秀麗で、それこそ神々しく祈る対象として十分だったでしょう。

写真10　徳川家康が寄進したと伝わる富士山本宮浅間大社社殿

縄文時代の富士山への祈りは、荒ぶる神を鎮める目的の祈り、弥生時代の祈りは豊作を、あるいは集落の人々の安定した生活を祈る、幸せを求める現代の人々と同じような願いの祈りが始まっていたのでしょう。

弥生人の心に自然に発生した安らかな生活への願いは、いつしか富士山を崇拝する自然信仰へと移していったのです。

そんな時代を背景に、富士山は八〇〇年に大噴火を起こしました。大量の溶岩の流出、大きな湖水の分断など、人々が経験した事の無かった事態が次々に発生し、荒ぶる山に恐れおののいたことでしょう。八〇六年、坂上田村麻呂によりそれまでの祈りの場所は、社殿のない遥拝所だったのを、新たな場所に富士山本宮浅間大社の社殿が建築されました（写真10）。

八五三年（仁壽三年）には朝廷は浅間大神を従三位に処し、その荒ぶれを鎮めようとしています。さらに貞観元年には正三位を与えています。火山噴火が発生すると、鎮めるために、位階を与える風習が始まっていたのです。

5　富士山と浅間神社

富士山の怒りを鎮めるためになぜ浅間《あさま》大神が祀られたのかは、すでに第1章3節でも述べたように、私にはなかなか理解できないでいます。その根源は浅間神が信濃の国の浅間山の神ではないかと、考えてしまうからしいと気が付きました。

「浅間（アサマあるいはセンゲン）」の語源には諸説あるようで素人の私にはなかなか理解ができないのですが、火山に関係した言葉で、信州の浅間山の命名も「浅間」と言う言葉が先に存在していて、火を噴く山だから「浅間山」と名づけられたとの説明で、何となく自分自身を納得させていました。

富士山はその山容の美しさから、火を噴く荒ぶる山でありながら女神に例えられていたようです。紀元前二七年（垂仁天皇三年）、第一一代垂仁天皇の勅命により、富士山の神を遥拝する場所が山麓に設けられました。そのような遥拝所が数カ所は設けられたようですが、現在も静岡県富士宮市山宮にある「山宮浅間神社」が、そのような場所の一つです。そして富士山の噴火、つまり富士の神の怒りは浅間神の怒りと考えられるようになりました。

八〇〇年からの富士山の噴火は人々を驚かせたでしょう。噴出物で集落全体が埋め尽くされ、せの湖が西湖と精進湖に分断され、大量の溶岩が青木ヶ原を埋め尽くすという天変地異が起こりました。八〇六年、平成天皇の勅命により、坂上田村麻呂が社殿の無い山宮浅間神社を現在の場所に移し社殿を造営し、「富士山本宮浅間大社」としました。造営した場所は噴火で流れ出た溶岩の末端で、溶岩の下から湧き出た地下水が湧玉池を形成しています。湧水で火を消す願いが込められた場所の選定です。山頂には奥宮が造営され、御神体は富士山そのもので付近一帯は神域になっています（写真11）。

本宮社殿の建設と同時に富士山周辺には富士山を神格化した浅間神社が造営されていきました。朝廷はすでに記したように、噴火は浅間神の怒りと考え、鎮めるために浅間神は浅間大神となり、神格を挙げていきました。

現在「富士山本宮浅間大社」は全国に一三〇〇社ある浅間神社の総本宮です。現在の社殿は徳川家康によって寄進されました。

平安時代に入ると日本では山岳信仰に仏教などが習合して修験道が成立し、九世紀には富士山に登った修験者も出てきたようです。伊豆大島に流されていた修験道の開祖の役小角が空中を飛んで往復し、富士山で修業したとの話から、最初の登山者と言われるようになりました。修験者たちは山頂で噴火の火炎の中に不動明王を拝していました。

写真 11　富士五湖の一つ西湖

平安時代に入り浅間大神にも神仏混合が始まり、修験道の不動明王は地主神になり、大日如来が支配し、浅間大神は浅間大菩薩と呼ばれるようになり、富士山は修験道の修業の場となりました。一二世紀になると富士山の火山活動は沈静化しましたが、修行僧の末代上人は、一一四九年に山頂に大日寺を造りました。さらに数百回富士山に登り修行を繰り返したことにより「富士上人」と呼ばれました。

富士山の山頂火口縁を巡ることを「お鉢巡り」と呼びますが、「お八回り」とも言われました。

それは火口縁の八つの嶺を薬師岳、大日岳、阿弥陀岳、勢至岳、文殊岳などの仏が鎮座する蓮華座の花弁八枚に例えていたのです。

山頂には頂上に流れだした溶岩のわずかな高さの違いから水が湧き出している場所があります。「金明水」、「銀明水」と命名されており、霊水で登山者はこれを飲むことによって浅間大権現の御利益を受けたことになります。

6　富士講と富士塚

富士山の火山活動は室町時代後期から沈静化し、神仏習合により、庶民に富士山を理解させるために「富士曼陀羅」が作られました。江戸時代に入ると宝永の大噴火はありましたが、全体としては噴火の無い時代が続きました。そんな時代背景のもと、江戸の商人、職人、農民など多くの庶民が、現世の御利益を求めて富士山に登るようになりました。

富士登山は当時の庶民にとっては大変な出費になりますので、それぞれが「講」を組織し、講に入った人々は少しずつお金を溜め、くじ引きなどで選ばれた者が仲間を代表して、登山して仲間の御利益も得てくるという形がとられ始めました。その講は「富士講」と呼ばれ、江戸だけで数百の講があったようです。山麓にはその講を受け入れる集落が形成されました。

富士講の人々を山頂まで案内するとともに、富士山の御利益を説く人を御師と呼びます。御師は江戸に出て「富士曼陀羅」を使い富士山の御利益を説き、登山の際にはガイドも務める伝道師です。富士講の人々を自分の家に泊め、登山のしきたりを教え、祈祷をしたりして、富士山に案内するのです。各富士講には一人ひとり御師が付いていたようです。

葛飾北斎は「富嶽三十六景」の「諸人登山」で、富士講の登山風景を描いています。余裕をもって登る人、バテている人、石室に泊まる人などいろいろな場面を描いています。富士講で登る人たちは、事前にこの浮世絵を見せられ、登山の心得を教育されたのかもしれません。

富士講に参加できない、あるいは登れない人のために造られたのが富士塚です。富士講には女性は参加できませんでした。当時、女性は富士山の二合目以上の入山は禁止されていましたし、年寄りや子供たちにも無理だったでしょう。そこで作られたのが、ミニチュア富士の富士塚です。正当な富士塚は富士山の溶岩を運んできて高くても十数メートルの小山を築いたようですが、古墳や自然地形を利用したものも作られました（写真12）。

写真12　東京都渋谷区鳩森神社境内にある千駄ヶ谷富士塚

築山程度の小山に富士山の溶岩を配置したり、登山道と称する道には一合目から頂上までの標識が設置され、頂上には浅間神社が祭られていました。この富士山に登れば、「富士山の頂上を極めたことと同じ御利益がある」とされていました。家の近くにある富士山に登っただけで、御利益がある、幸せになれると聞いたら誰でも、登るでしょう。このような背景があり、江戸の街には多くの富士塚が作られ庶民の人気を集めていました。そのうちの幾つかは現存しています。

富士講、富士塚は、日本人が如何に富士山を崇拝し、憧れているかを示していると言えるでしょう。これは後でみていく「ふるさと富士」にも共通して言えることだと思います。

7 世界遺産の富士山と入山料

二〇一三年、富士山がユネスコ（国連教育科学文化機構）の世界文化遺産に登録されたとき地元の静岡県、山梨県の人々をはじめ、日本中が喜んだようです。世界遺産に指定されれば、その地域や建造物の保存がよりよく行われるでしょう。

富士山は最初、世界自然遺産として登録されることを目指していました。ところがあまりにも山が汚れているので、指定の対象にはならず、その後山の浄化とともに信仰の山として価値が強調され、世界文化遺産への登録にこぎつけました。しかし私は、富士山としての自然の創造物が中心になっての世界遺産だから、文化遺産と言われても「それでよし」と言う気にはなれません。文化遺産的価値を認めるにしても、世界複合遺産とするのが正しい判断だったように思えます。

日本の国会は一九九二年に世界遺産条約を批准していますが、その時は世界文化遺産と自然遺産しか含まれていないようなので、そもそも日本の中では複合遺産の感覚はなかったかもしれません。日本の世界遺産は文化遺産か自然遺産だけで複合遺産は含まれないのはあるいは批准した条約の内容にあるのかもしれません。登録を急ぐあまり、関係者は大きなミスをしたように思います。

富士山が世界文化遺産に登録されたことも、一つのきっかけとなったのか、富士山に登る外国人が急増しています。その中で関係者を悩ませているのが、軽装で登る人がかなりいるのです。スイスでは三〇〇〇メートル級の山ですと、ほとんど乗り物で行けます。ほんの少し歩くだけで、高山の景観が楽しめるのです。ヨーロッパやアメリカの観光客が軽装で富士登山をしようとしている姿を見ると、スイスの山の感覚ではないかと思います。独立峰の富士山の特性も考えないで、三〇〇〇メートルだから気軽に登れると考えて来る外国人が少なくないようです。きちんとした宣伝と注意が必要です。

二〇二四年に富士山でもう一つ問題になったのは入山料と登山者の入山制限です。静岡県と山梨県では、入山料を取る、取らない、入山制限をする、しないで意見が分かれていました。入山料を取る山梨県側でも、入山料は取るが、協力金は強制的には取らないなどと、極めてあいまいです。私は富士山のような独立峰では、少なくとも入山料を取り、それを山体内の浄化や施設の拡充などに使うべきだと思います。国立公園などに入る時、入山料を取るのは世界の多くの国で実施していることです。ただその金額についてはいろいろな人の意見を聞く必要があると思います。世界の山を知っていると豪語する人は、エベレストの入山料が一五〇万円なので、富士山の入山料は一万円でも安すぎると話していました。私の感覚では一万円では高すぎると思いますが、それぞれの立場で多種多様な意見が出る案件だと思います。

山が汚れても富士山は泰然自若としてそびえています。汚れて嫌な思いをするのは人間です。

富士スバルラインをはじめ、五合目付近の登山口を、少しでも高い位置に設け歩く距離を短くするため、いくつかの登山口に新五合目が定められ、自動車道が造られています。スバルライン沿いに鉄道建設案も計画されているとも報道されています。私は、これ以上の人工物を作らないで欲しいと願っています。日本の国立公園は人工物を作ることを平気で進めています。しかし、富士山の自然をこれ以上、破壊するのは止めて欲しい、開発は止めて欲しいと願っています。活火山であることも忘れないで欲しいです。なるべく「不便な山」にしておいて欲しいというのが、私の願いです。

第3章　郷土の富士山

「ふるさと富士」は本家の富士を含めて全部で四〇六座です。

その「ふるさと富士」の中で、火山であり、独立峰であり、その地方の名前が入った「〇〇富士」を、本書では「郷土の富士」としました。「〇〇富士」はいわばその山のニックネームですが、そのほとんどは地名として、開聞岳（薩摩富士）のように地図にも本名とともに併記されて出ています。そのような山を一〇座選び、本章で紹介します。

残りの「ふるさと富士」は「おらが富士」として三九五座になりますが、第4章以下で紹介します。二つあるいは三つの県の県境に位置する「ふるさと富士」は、県名が最初に書かれている県に所属するような表現にしています。たとえば「郷土の富士」の鳥海山は山形県と秋田県の県境に位置していますが、『ふるさと富士名鑑』（山と渓谷社、二〇一四）では山形県が先に記されていますので、山形県に入れて数えています。「おらが富士」も同じです。西吾妻山は福島県と山形県に位置していますが、山形県の山としています。

「郷土の富士」の知名度は、大きいと考えます。所在する都道府県の人は誰でも分かる程度の知名度はあり、地元の人以外でも多くの人がその名前を知っています。それに対して「おらが富士」の知名度は千差万別です。「郷土の富士」と同じか、それ以上と言える山もあれば、地元の人でもほとんど知らない「おらが富士」もあります。

知名度の低い「おらが富士」でもそれぞれに歴史がありそうですので、完ぺきではありませんが、第4章以下ですべてを紹介しています。

1 利尻山（利尻富士）

利尻山《りしりざん》は北海道の沿岸から利尻水道を挟んで二〇キロメートルの日本海に位置する火山島で、北西一〇キロメートルには礼文島が横たわっています。宗谷本線の車窓からも眺められ、標高一七二一メートルの円錐形の成層火山は、「利尻富士」と呼ばれるのにふさわしい火山です。「リイシリ」とはアイヌ語で「高い山」を意味するそうです。

有史以来噴火の記録はありませんが、活火山に分類されています。気象庁も大学やそのほかの研究機関も、この山には地震計をはじめとするいろいろな観測機器を設置はしてありません。活火山ですがごく近い将来、例えば一〇年以内に噴火するような兆候は見られないからです（写真13）。

海岸から一七〇〇メートルの山頂へとそそり立つ独立峰の姿は、島全体が一つの山体になり北の海に浮かぶ、本州の高山のようで、その美しく厳しい山容と四季折々の景観は、訪れる人々を楽しませてくれます。

二〇〇〇メートルにも達しない低い山ながら、頂上付近の急峻な景観は登山者にとっても登りがいのある山です。深田久弥の『日本百名山』にも選ばれていますので、「百名山の好きな人」にとっては是非踏破したい山でしょう。

島は南北がやや長い円形に近い楕円形で、北側の山麓にはポン山や姫沼が、南の端にはオタドマリ沼など、古い火口が並び、生成期の火山活動の姿が想像できます。山麓には草原や森が広がり、動物相、植物相ともに豊富です。

礼文島とともに、全域にわたって本州では高山植物と呼ばれる北方植物の群落が見られます。利尻島では標高一〇〇〇メートル以上は植物分布上重要な地域で、多種多様な高山植物が生育しています。リシリヒナゲシ、リシリゲンゲなど、リシリの名を冠した固有種もあります。礼文島とともに利尻島はフラワーハイキングの聖地とも呼べる島で、花好きには魅力あふれる島です。山麓の森には絶滅が心配されているクマゲラが生息しています。

写真13　利尻水道（東側）から見た利尻山

利尻島で有名なのはリシリコンブですが、これは利尻の特産ではなく、北海道東岸からオホーツク海一帯にかけて分布するコンブで、たまたま利尻島での発見が早かったのでリシリコンブと呼ばれるようになったそうです。

利尻の名産品の一つエゾバフンウニはこのコンブを食べて成長します。

写真14　洞爺湖から見た羊蹄山

2　羊蹄山（蝦夷富士）

羊蹄山は北海道南部・支笏洞爺国立公園の西端、洞爺湖の北およそ二五キロメートルに位置する典型的な円錐の成層火山です。標高一八九八メートルの活火山ですが、人類による噴火記録はありません。北海道大学理学部有珠火山観測所が臨時に観測機器を設置して観測をした例はありますが、定常的な観測はなされていません（写真14）。

山体は秀麗で富士山に似ており「蝦夷富士」と呼ばれ人々に親しまれています。「郷土の富士」とは言っても「蝦夷富士」は全国の人々に知られている山の一つです。アイヌ語では、後方に対を成している一方の山の意で「マッカリヌプリ」と呼ばれ、南東一二キロメートルに位置する尻別岳（男山を意味する「ピンネシリ」）と夫婦山で、女山を意味する「マチネシリ」とも呼ばれます。

西側に並ぶニセコアンヌプリ一帯は、開発が進み現在はスキーの一大リゾート地になっています。特に外国人に人気があるようです。

均整の取れた美しい山容で北の大地にそびえ立つ蝦夷富士は、「北の貴婦人」の異名もあります。山体内は高山植物が豊富で、残雪が消える六月下旬から八月下旬にかけてが花の季節で、どこを訪れても、満足させてもらえます。九月になると紅葉が始まり、下旬には初雪を迎えます。晩秋の羊蹄山は全山が赤茶色に染まり「北の赤富士」が楽しめます。山頂にある古い火口内も赤く染まります。

西側の登山道は登山口から山頂まで標高差一五〇〇メートルありますが、三合目から五合目あたりまでが針葉樹林帯、それから上部で高山植物が見られる岩礫帯となり。「後方羊蹄山《しりべし》の高山植物帯」として、天然記念物に指定されています。成層火山なので植物の垂直分布が観察できる登山道です。北海道では、ここにしか咲かないオノエリンドウ、エゾフジタンポポと呼ばれ現在は統一された名のエゾタンポポは九合目付近でよく見られます。草原地ではチシマフウロ、ウメバチソウ、エノオヤマリンドウ、礫地にはイワギキョウやメアカキンバエなどが見られます。

西側のニセコ周辺の山麓は温泉が豊富で、渓谷に湧く温泉、名峰を眺めながらの露天風呂など、大自然の恵みが楽しめます。

3　岩手山（南部富士、岩手富士、南部片富士）

岩手県盛岡市の北西二〇キロメートル、奥羽山脈から東にやや外れてそびえているのが岩手山で、その成層火山の美しい山容から「南部富士」、「岩手富士」と呼び、山頂部がやや形が不均整なことから「南部片富士」とも呼ばれています。標高二〇三八メートルの最高点は東側の円錐形をした東岩手火山の火口縁の薬師岳で、全山体の三分の一をしめ、西岩手カルデラを中心とする西岩手火山は全体の三分の二の活火山です。西岩手カルデラ内には御苗代湖《おなわしろ》、御釜湖、八ッ目湿原などが広がります（写真15）。

写真15　東岩手山の西側火口

噴火は主に東岩手火山から発生しています。一六八六年に火山噴火が発生し、「泥流北上川に入り洪水を生じ人家樹木を流す」と『日本噴火志』にあるように、東側で噴火が起こり、溶岩流、火山泥流が発生し、家屋、山林耕地に被害が出ています。一七一九年にも東北麓に溶岩が流れ出ています。一七三二年に東側山腹から噴火し、溶岩流が噴出、現在の「焼け走り溶岩流」が噴出しました。全長三・五キロメートル、最大幅一キロメートルの溶岩流は国の天然記念物に指定されています。一九一九年には小規模の爆発がありました。

現在は気象庁や東北大学などが中心になって地震計や傾斜計、監視カメラなどを設置して観測を実施しています。一九九七年一二月末から山体西側の浅いところで地震が発生しました。火山体での群発地震の発生は、噴火の前兆現象になることが多いです。一九九八年二月頃には東北大学や国土地理院の地殻変動のデータにも変化が現れました。四月になり火山性地震の続発や傾斜計の変動などから、噴火が近いと判断され、関係者は緊張しました。しかし噴火は起らず、活動は沈静化しました。火山噴火予知の難しさを示した現象でした。

複雑な火山地形のため見る方角で姿が変わる岩手山は、季節の変化とともに多様な「ふるさと富士」が演出されています。登山者にとっては山頂付近では急峻な岩稜、中腹から下は針葉樹林帯と花の湿原が楽しめます。西方には八幡平の山並みが広がっています。

日本の富士山と同じように、岩手山は地元の人たちにとっては、ただ眺めているだけでも、心が癒される山だったのではないでしょうか。特に岩手の産んだ夭折の詩人・石川啄木（一八八六～一九一二）、彼より一〇歳若く、しかも三六歳で亡くなった宮沢賢治（一八九六～一九三三）にとっては、その気持ちが強かったのではないかと思います。二人の詩人の心には常に故郷の象徴として、岩手山の姿が宿っていたのでしょう。啄木は処女作『一握の砂』に代表作となった次の一種を残しています。

ふるさとの　山に向ひて　言うことなし
ふるさとの山は　ありがたきかな

賢治もまた詩集『春と修羅』に「岩手山」と題して、次の四行詩を残しています。

その散乱反射のなかに

古ぼけて黒くゑぐるもの
ひかりの微塵系列の底に
きたなくしろく澱むもの

賢治は常に広い視野で岩手山を眺めていたのではないでしょうか。彼らを含め多くの岩手の人々にとっては、岩手山は自分自身の存在、アイデンティティそのものだったのでしょう。多くの日本人が持っている富士山への憧憬と同じではないかと想像しています。

4　岩木山（津軽富士）

津軽平野の南端に、成層火山の美しい山体で位置しているのが岩木山で、「津軽富士」とも呼ばれ、地元の人々の心に焼き付いている山です。活火山で標高は一六二五メートル、山頂域に直径八〇〇メートルの破壊された火口があり、それを埋めるように、現在の山頂などの三つの溶岩ドームがあり、山頂や山腹には多数の爆発火口が認められます。『日本噴火志』によれば西側の寄生火山・鳥海山《とりのうみ》の噴火口では一六〇〇年、一六〇四年には激しい爆発が起こり、一五九七年、一六〇五年の噴火もこの火口からの噴火と想像されます。さらに一六一八年、一六七二年（山頂崩壊）、一七〇七年（硫黄山）、一七七〇年、一七八三年、一七九〇年、一七九三年、一七九四年（硫黄山）、一八〇七年（硫黄坑）、一八三三年（硫黄山）、一八四八年、一八五六年（硫黄坑）、一八六三年などに、噴火活動が認められています。一七世紀から一九世紀には岩木山は現在よりはるかに火山活動は活発でした（写真16）。

二〇世紀に入ってから噴火はありませんが、山麓でしばしば群発地震が発生しています。一九七〇年代から弘前大学が地震計などを設置して観測が継続されています。

水田の広がる津軽平野に裾野を広げるふるさとの美しい山・岩木山を、津軽の人々は「おいわきさま」と呼び、郷土のシンボルとして日夜あがめています。

写真16　鶴の舞橋を前景にした岩木山

作家の太宰治は岩木山北側の金木町（現在は五所川原市）出身で、数々の作品に岩木山が登場しています。『津軽』には「……富士山よりもつと女らしく、十二単衣の裾を、銀杏の葉を逆さに建てたやうにぱらりとひらいて左右の均斉もただしく、静かに青空に浮かんでいる……」「岩木山はやはり弘前のものかも知れないと思ふ一方、また津軽平野の金木、五所川原、木造あたりから眺めた岩木山の端正で華奢な姿も忘れられなかった」とその秀麗な姿を描いています。
岩木山は古来から信仰の対象でもありました。山麓の岩木山神社が山頂に社殿を造営したのが七八〇年と伝えられ、長い間、人々に崇められ続けているのです。旧暦八月一日、津軽地方の農家の豊作祈願と感謝の念の登拝は「お山参詣」と呼ばれ、現在も行われています。それぞれの町や村から隊列を組み、電柱の高さに達する御幣を立て、鉦、笛、太鼓などで囃しながら、多くの供物を担ぎ、麓の岩木山神社からリフトで山頂の岩木山神社の奥宮に向かう標高差一五〇〇メートルを登る光景は、神聖であり勇壮で、津軽の一年間の中でも、最大の一大風物詩です。山頂からの眺望は、北には津軽半島や北海道、東に八甲田山、南には白神山地や岩手・秋田県の山々が見渡せます。西側はもちろん日本海です。

岩木山は活火山ですが、山頂付近までリフトで行けます。岩木山の南西斜面には津軽岩木スカイラインが建設されており、四月中旬から一一月中旬までは、一二五〇メートルの八合目までは車で登れます。さらにリフトで一四六〇メートルの鳥海噴火口駅まで一〇分間で登れます。鳥海噴火口は一七世紀には活発に活動していた噴火口です。

岩木山には固有種のミチノコザクラが六月中旬から下旬に可憐な花を咲かせます。山頂に近い種蒔苗代の小さな池の周囲にはこの花が群生しています。

5　鳥海山（出羽富士、秋田富士）

日本海沿岸の象潟から東へ一二キロメートル、日本海からすくっと立ち上がる鳥海山《ちょうかいさん》は秀麗な活火山で、「出羽富士」、「秋田富士」とも呼ばれています。鳥海山は巨大な二重式成層火山で、比較的浸食が進んでいる西鳥海山と標高二二三六メートルの最高峰の新山があり、急峻な新しい溶岩地形のある東鳥海山によって構成されている火山です。それぞれに崩壊で生じた馬蹄形のカルデラが存在し、西鳥海山には鳥海湖があります。

噴火記録は五五六年（敏達天皇六）、五五七年（敏達天皇七）からあります。八〇〇年代は噴火が繰り返され、八七六年五月五日には「土石を焼き、山より出つる所の河に泥水溢る」の記述が『日本噴火志』にはあり、九世紀には鳥海山の活動は活発でした。

一七四〇年には「瑠璃の壺、不動石、硫黄谷より破裂す」とあり、硫黄化合物が北側の川に流れ込み、川魚の大量死が発生しています。この活動は数年続いています。

一八〇一〜一八〇四年、東鳥海山で有史以来の最大の活動が続き、新火口丘が生成され、さらに荒神ケ岳付近でも爆発し噴石や灰で新山が形成されました。噴火を見物に登った地元の若者八名が噴石で亡くなりました。一九世紀は鳥海山の火山活動は活発でした。

およそ一〇〇年間の静穏期を過ぎ、一九七九年三月一日から噴火が始まり、四月二四日には北方二四キロメートルまで灰が降る爆発がありました。五月八日の噴火を最後に、この一連の活動は終息し、現在に至っています。

一八〇四年七月一〇日、鳥海山南西麓を震源としてマグニチュード七・〇の「象潟地震」が発生し、景勝・象潟は地殻変動の為、陸地化してしまいました。象潟は芭蕉にとっては「奥の細道」の最北地でした。一六八九年六月一六日に到着、二泊しています。九十九島《つくもしま》、八十八潟《やそはちかた》などと表現され、鳥海山を借景とした松島が並ぶ景勝地だった象潟に芭蕉は船を浮かべ、鳥海山を眺めています。

芭蕉の周遊から一一五年後に地震により二メートルも隆起し湾は陸地となり、島々は丘となり、象潟の風景は一変してしまいました。

日本海に面している鳥海山は、大陸からの猛烈な寒波が吹き付け、日本海を北上する対馬暖流の水蒸気を含んだ気団の上昇で、山体全体は多雪地帯になっています。この多量の降雪のため鳥海山には大雪渓が何条も発達しています。沢筋を埋める雪渓の深さは四〇～五〇メートルにも達します。

一九七〇年頃の事でした。鳥海山の雪渓は「氷河だ」と発表し、専門家の間で物議をかもしたことがありました。氷河とは積雪が圧縮され氷となり、それが重力により下方に移動し、その過程で周囲の岩盤を削りU字型の谷の地形が創出される現象です。ただ積雪や氷があるだけでは氷河とは呼びません。その発表者はとにかく自分の主張を繰り返し、鳥海山に氷河があると宣伝していました。しばらくはその議論が続いたようですが、鳥海山に氷河が存在する話は聞かれなくなりました。

二一世紀になってからは、ＧＰＳ（カーナビシステム）が発達し、宇宙から地球表面の位置が正確に測定できるようになり、雪渓の移動も正確に測定され、氷河の調査も進みました。その結果、現在日本には、富山県の立山・剣岳で五本、長野県の後立山連峰で二本の氷河が認められています。

コラム３　死語になった火山用語（１）――「鳥海火山帯」

一九六〇年代ごろまでに発行された中学校や高等学校の教材の社会科地図帳の中には「鳥海火山帯」と言う記述が出てきます。本州日本海側の岩木山あたりから新潟県焼山付近までに点在する、火山列を意味していました。北海道には千島火山帯、北海道の羊蹄山や有珠山などを含み、本州に入り十和田、岩手山、蔵王山、栃木県の山々から信州の浅間山など、本州北の中央部に点在する火山列を那須火山帯と呼んでいました。

信州の八ヶ岳付近から富士山、さらに南の伊豆七島につづく火山列は富士火山帯でした。その西側には乗鞍岳、御嶽山などが並ぶ乗鞍火山帯、石川県から山口県の日本海沿いに並ぶのが白山火山帯です。大山火山帯と呼ぶ人もいました。そして九州では阿蘇、霧島、桜島から南西諸島の火山島の火山列は霧島火山帯と呼ばれていました。

プレートテクトニクスの発達で、日本の火山は太平洋プレートとフィリピン海プレートが日本列島の下に沈み込むことによって形成されることが分ってきました。その結果日本列島の火山帯は二本の火山帯フロントで説明されるようになりました（写真4参照）。

鳥海火山帯、富士火山帯をはじめ、「〇〇火山帯」と言う呼び方は、現在の火山学では使われず、完全に死語になりました（コラム8参照）。

6 磐梯山（会津富士）

福島県の中央、猪苗代湖の北側に円錐形の美しい成層火山としてそびえているのが、磐梯山《ばんだいさん》です。円錐形の頂上は一八一六メートルの活火山で、会津富士の別名があります。南側の猪苗代湖から見た磐梯山は秀麗と呼べますが、北側から見る磐梯山は巨大な爆発により山体崩壊が起こり大きく開いた爆裂火口を中心に形成され中央が大きくえぐられ、両側に二つのピークが目立ちます。南側からの景観とは全く異なります。一つの山で、磐梯山ほど見る角度により、その姿や形が大きく異なる山は、日本ではほかにないでしょう。

ある時、磐梯山の南東四〇キロメートルのＪＲ郡山駅から見た磐梯山の頂上部は完全なピラミッド型で、「磐梯山」と確認するのに、一瞬戸惑ったことがあります。北側からと南側から見る景観の違い、郡山駅からのピラミッド型の景観はすべて、有史以来確認された二度目の磐梯山の噴火によって形成されたのです（写真17）。

写真 17　北側から見た磐梯山（裏磐梯）と五色沼

八〇六年、『日本噴火志』に「磐梯山噴火、猪苗代湖を生ず」の記載があります。猪苗代湖は断層でできた盆地状の地形に、火山噴火で流れ出た溶岩や土石流が川の出口をふさぎ、出現した構造湖（断層）です。湖面の面積は一〇三・三平方キロメートル、標高五一四メートル、最大水深九三・五メートル、平均水深五一・五メートル、日本では四番目に広い湖水が出現しました。

一六世紀に鳴動が聞こえた、一七世紀には噴煙が立ち昇ったというような記録もありますが火山活動は低調でした。

猪苗代湖出現の噴火から一〇〇〇年以上が経過した一八八八年七月初旬、磐梯山付近では小さな地震が起こりはじめていました。一五日午前七時ごろから鳴動が始まり、強い地震が続発し、七時四五分頃、大音響とともに大規模な水蒸気爆発が起こり、短い間に十数回の爆発が繰り返されました。爆発音は五〇～一〇〇キロメートル離れた地域でも聞こえ、降灰は一〇〇キロも離れた太平洋沿岸まで届きました。水蒸気爆発は小規模な噴火の時もありますが、時にはこのような破壊的な爆発になることがありますので、注意が必要です。

山頂北側の小磐梯では、北側の山体半分が崩壊し、山頂は一六五メートル低くなりました。また、火口は北向きに東西二・二キロメートル、南北二・二キロメートルの馬蹄形にえぐられ、崩壊カルデラが生じました。崩壊した山体は岩屑なだれとなって北側の山麓へと流れ下り、堆積するとともに川の流れを堰き止めました。五村一一部落が埋没し、四六一名（四七七名との説もある）が犠牲になり、家屋の倒壊、埋没、山林の被害など発生しました。

堰き止められた河川の水位は上昇し、数年後には檜原湖、小松川湖、秋元湖が誕生、堆積した岩屑なだれの上には五色沼と裏磐梯高原が出現しました。現在、磐梯山北側一帯は裏磐梯と呼ばれ、風光明媚な一大観光地でありリゾートエリアになっています。しかし、厳密にはこの地域は岩屑なだれで亡くなった方たちの墓域でもあるのです。

このように裏磐梯は火山噴火の功罪が一望できる地域になっています。

その後は、一八九七年に鳴動があった以外には火山活動は沈静化を続けています。昭和に入り、一九三八年には山体崩壊で死者二名が出ています。一九五四年、一九八七年、一九八八年などに群発地震や山体崩壊が発生していますが大事には至っていません。

気象庁、東北大学を中心に、地震計や傾斜計などを設置して、火山活動を監視しています。

二〇〇〇年にその観測網で、火山性地震が群発したり、低周波地震が起きたりと、火山噴火発生の前兆的な現象が起きましたが、そのまま沈静化しています。

磐梯山も『万葉集』の巻一四には東国の歌として「会津嶺」の名で、紹介されています。磐梯山の古い名前は「イワハシ山」で、「イワ」は「岩（磐）」、「ハシ」は「梯」で、「天に通じる岩（磐）の梯子」を意味しているとされ、現在は音読され「バンダイ」になったと言われています。磐梯山は古くから会津地方のシンボルとして人々に親しまれてきた「宝の山」なのです。

五色沼は磐梯山の山体崩壊で流れ出た、堆積物の上に出現した湖沼群で、その水はエメラルドブルーや赤褐色など、多彩な色を呈しています。これらは硫酸カルシウムや酸化鉄などが水中に多量に存在するからと考えられています。そしてその根源は地下のマグマにあるとされています。五色沼の散策は、水の色の変化のほか、周囲に映える森林や草花など、多くの植物相が楽しめる、裏磐梯第一級の散策です。火山の恵みが満喫できます。

コラム４　死語になった火山用語（２）――「休火山」「死火山」

一九六〇年代まで、火山について「活火山」「休火山」「死火山」と言う言葉を聞いた、あるいは学校で教わった記憶のある人は少なくないでしょう。一九一八年（大正七年）に『震災予防調査会報告』第86号、第87号に『日本噴火志』が発刊され、多くの研究者がこの史資料も使用して、日本の火山活動が調べられてきました。その結果得られた成果として、「休火山」「死火山」と言う言葉が使われるようになりました。

「活火山」と言う言葉も、現在の活火山とは異なり、現在、人間がその噴火活動を認めている火山と定義されていました。明治末から大正、昭和各時代に噴火をしたり、噴火が繰り返されている火山が「活火山」で、九州では阿蘇山や桜島、北海道の有珠山、伊豆大島などが、当時は典型的な活火山とされていました。

過去に噴火が発生したことを人間が認めていますが、現在は噴火していない火山が「休火山」です。富士山は休火山の代表とされていました。

山体内に地熱地帯があったり、噴火口があったりで火山であることは間違いないが、人間がその噴火を確認していない、歴史時代に入って噴火した記録がない火山は「死火山」とされていました。箱根山や御嶽山がその代表でした。

一九七九年一〇月二八日、御嶽山の山頂で突然水蒸気爆発が発生し、降灰が広い地域で確認されました。「死んだ」と考えられていた御嶽山が生き返ったのです。この噴火を契機に「活火山」の定義が再検討されました。そして現在のようにおよそ1万年前までの間に噴火の記録があれば「活火山」とし、「休火山」「死火山」の言葉は使われなくなりました。

箱根山も死火山でしたが、最後の噴火は現在の芦ノ湖が創出された三〇〇〇年前の噴火記録がありますので、活火山とされました。その後の調査で、一二世紀後半から一三世紀頃の三回、大涌谷付近での噴火が確認されています。また地震活動や火山ガスの監視が進んでいる大涌谷付近では、極めて小規模の噴火も確認され、噴火があったと報告されるようになりました。箱根山もまた生き返って活火山になった火山の一つです。このような定義で、現在の日本では北方四島の火山を含めて、一一〇座が活火山とされています。

7　八丈島・西山（八丈富士）

八丈島は東京から南へ二九〇キロメートル、伊豆七島の南側の島で、富士箱根伊豆国立公園に属し、現在の人口はおよそ七五〇〇名です。標高八五四メートルの西山（八丈富士）と七〇一メートルの東山（三原山）の二つの成層火山が接合形成され、北西―南東一四キロメートル、北東―南西七・五キロメートルの島で、島の中央、両方の山に挟まれた平地に集落があり、空港もあり、人間の生活空間になっています。山体としては東山が大きいですが、西山が一五〇メートルほど高く、円錐形の均斉のとれた山体で「八丈富士」の名にふさわしい美しい活火山です。西山の西六キロメートルの海上に八丈小島が噴出しています。

東山火山は一〇万年前から三〇〇〇年前くらいまで活動し、西山火山は数千年前から活動を始め、直径約五〇〇メートルの火口があり、その中に頂上が平坦な溶岩丘があります。中央平坦地の南東側、東山山麓には二〇個以上の側火口が点在しています。

太平洋の孤島の火山活動はどのように調べられているのでしょうか。歴史時代に入る前の活動は、どの火山も同じように、その地質構造から「一〇万年前から火山活動があった」と言うような表現で調べられています。

八丈島では湯浜遺跡、倉輪遺跡の発見により縄文時代の七〇〇〇年前には人が住んでいたことが分ってきました。その縄文人が住み続けたかどうかははっきりしませんが、伊豆七島に沿って小さな船でも、人々の交流が可能だったと考えられています。平安時代、伊豆大島に流されていた源為朝が八丈小島で自害したとの伝説があり、すでに流刑の島にはなっていたのかもしれません。江戸時代には関ヶ原で敗れた宇喜多秀家が流され、最初の流刑人とされています。一六〇四年から徳川幕府の統治が始まりました。

『日本噴火志』でも、「八丈島庁ニ保存セル八丈禱年表及同島大賀郷名主浮田欽吉氏所蔵ノ八丈年代記ニヨル」とありますので、信用のおける史資料と理解できます。歴史時代に入り最初の噴火は一五世紀に始まり、一六世紀、一七世紀と続いたようです。

一四八七年一二月七日の夜噴火が発生、このため島の中では飢饉となった。
一五一八年二月　噴火が始まり五年続く。
一五二二年　噴火は翌年まで続き、桑畑に被害。
一六〇五年一〇月二七日　噴火で田畑に被害、一二月一五日にも噴火、年貢を安くした。
一六〇六年一月二三日　八丈島付近で海底火山が噴火し新島出現。詳細不明。
一六九〇年一〇月～一六九一年二月　地震。
一六九七年～一六九八年　年末から年始にかけての一カ月間　地震群発。

以上のほかには噴火は認められていません。

現在気象庁の八丈島測候所では地震観測を定常的に実施していて、火山活動は常に監視されています。防災科学技術研究所は東山に地震計を設置しテレメータで観測しています。

八丈島島内には地熱発電所が建設されています。

写真18　西側から見た大山

8　大山（伯耆富士、出雲富士）

大山は鳥取県の西端で、日本海に面して位置し、大山隠岐国立公園に属する中国地方の最高峰、北西側の美保湾越しに見る大山《だいせん》は美しい成層火山で、「伯耆富士」と呼ばれています。鳥取県の山なのに「出雲富士」とも呼ばれるらしいです。「郷土の富士」としては鳥取県ですから、やはり「伯耆富士」が最適な呼び名でしょう。しかし、後述するように大山は『出雲国風土記』の国引き神話にも登場する山なので、出雲富士と呼ぶ人がいたのかもしれなません（写真18）。

大山は東西三五キロメートル、南北三〇キロメートル、日本海側から見れば一七〇〇メートル以上にそびえる山ですが、弥山、主峰の剣が峰、天狗ケ峰、三鈷峰の連なる稜線が、古い火口縁であることを示しています。大山と呼ばれるピークはありません。最高峰のピークが剣ヶ峰で一七二九メートルです。

大山は山体は急峻ですが、山麓は相対的にはゆるやかな斜面を形成しているのが特徴です。中心部は溶岩流や溶岩円頂丘で構成されていますが、広大な裾野には火砕流堆積物や降下火砕物など噴火によって噴出したものが分布しています。特に東麓から北麓には、この火山噴出物が形成した扇状地が広がっています。

美保湾側から眺める大山は均整の取れた美しい山体で富士山に似ているのに対し、真北から東南側からの眺めは、山頂に岩稜がむき出す、荒々しい様相を呈しています。

弥山は一万七〇〇〇年前に噴出した溶岩円頂丘ですが、このころの活動を最後に大山は噴火活動をしていません。その山容から大山は噴火する火山と考えられていましたが、最後の噴火が一万年以上前であったことから、活火山の定義から外れ、現在は「火山噴火で形成された火山」ではありますが、火山防災を考える山の対象にはなっていません。

なだらかで丸みを帯びた山が続く中国地方の山々の中で、岩稜がむき出しの大山は、登る人にアルペン的な景観を与え、山腹からは豊かなブナの林が広がる、癒しの場となります。見る位置や角度、方向、さらに訪れる季節によって多様な表情を見せてくれます。

大山にはダイセンミツバツツジ、ダイセンスミレ、ダイセンキャラボク、ダイセンオトギリ、ダイセンクワガタ、ダイセンヒョウタンボクなど、「ダイセン」の名がつく花々が山稜を彩っています。いずれも大山で初めて発見されたり、この地に数多く分布しているために命名されました。また春の新緑、秋の紅葉と四季折々に美しいブナ林の四合目から五合目の地域は極相林です。極相林とは人の手を加えることなく、伐採や自然災害がない限り、自分たちで天然更新を繰り返しながら継続する、安定状態に達した森林です。

大山は『出雲国風土記』には「大神岳《おおかみだけ》」「火神岳《ひのかみだけ》」と記されているように、神の宿る山・霊山として、古代から信仰されていたようです。その延長線上で修験道の道場となったのです。弥勒菩薩の浄土の一角から磐が落ち、これが三つに割れて熊野、吉野、大山になったという伝説があり、奈良時代には富士山、熊野、白山などと並ぶ山岳修行の場になっていたようです　。

七一六年、大山を修験道の道場にしようと開いた金運上人が庵を開き、これが大山寺の前身となりました。ところが称徳天皇（七一八～七七〇）は大山の地蔵菩薩を「大智明大権現」と勅宣し、以後、大山は明治維新により神仏分離になるまで、神と仏を守る山となったのです。大山寺は僧兵の数を三〇〇〇人有する大勢力となり、朝廷との結びつきもあり、栄枯盛衰を繰り返してきました。

9　三瓶山（石見富士）

三瓶山《さんべさん》は島根県中部に位置し、「石見富士」と呼ばれる活火山です。活火山ですが、その山容は円錐形の成層火山には程遠く、溶岩円頂丘が並ぶ山頂を見ただけでは火山らしくは見えません（写真19）。

それではなぜここで取り上げたのか。それには二つの理由があります。

その第一は伯耆富士とは逆に、三瓶山はもう噴火しない山、古い火山用語では「死火山」とされていたにもかかわらず、活火山となり、将来噴火する可能性があるとされたからです。それは山麓の地下に少なくとも三〇〇〇年前ごろに存在し、その後の噴火で埋没した林が偶然発見されたためでした。数千年前の火山活動の証拠が発見されたのです。まさに死んだとされていた火山が生き返ったのです。

第二の理由は伯耆富士と同様に三瓶山が出雲神話の国引きの中に出てくる山だからです。神話では佐比命山と火神岳に綱をかけて、国を引っ張ったとされますが、その綱を掛けたのがはからずも三瓶山であり大山だったのです。

写真19　溶岩ドームが並ぶ三瓶山。左側から男三瓶、子三瓶、孫三瓶。

三瓶山は大山隠岐国立公園に属し、標高一一二六メートルの主峰・男三瓶（親三瓶）を中心に、女三瓶、子三瓶、孫三瓶があり、室の内という火口跡を囲んでいます。室の内はカルデラで、それぞれの「〇三瓶」は、カルデラの縁に噴出した、溶岩円頂丘です。

有史以来の火山活動は認められず、もう噴火はしないと考えられていた三瓶山が、活火山とされるようになったのは、およそ四五〇〇年前、三〇〇〇年前、それ以降で時期が確定できない三回の火山活動が認められたからです。この三回の噴火でも火砕流や溶岩流が噴出し、火砕丘が出現し、火山泥流で森林が埋まり、埋没林として現在に至っています。そしてその埋没林の発見により、活火山と定義され、火山防災の立場からも注目されるようになったのです。

「三瓶山小豆原埋没林」の発見は、山頂の北一キロメートルの地点で偶然なされました。一九八三年の水田工事中に用水部分を地下に掘り下げた時、二本の立木が現われました。数年後にその立木の重要性が理解され、一九九八年から発掘調査が行われ、埋没林の存在が明らかになったのです。埋没林を埋めた噴火から三五〇〇年が経過してからの発見です。

発見された埋没林は国の天然記念物に指定され、「縄文の森発掘保存展示館」が作られ、地下展示室には発見されたままの状態や、埋没したままの状態で展示されています。この埋没林は、その後の調査でおよそ三五〇〇年前の噴火に伴って発生した岩屑なだれによって形成されたと推定されました（写真20）。

写真20　三瓶山北麓にある小豆原埋没林の「縄文の森発掘展示館」内の展示

埋没林の上の地層には炭化した木片が存在し、その後の噴火で火砕流が発生し、埋没林の地層の上にあった木々が燃えたと考えられ、過去一万年以内に、三瓶山が三回は噴火したとされています。伯耆富士とは逆に、一度は死んだと考えられていた火山が生き返ったのです。

大山隠岐国立公園は大山蒜山地域、三瓶山地域、隠岐諸島、島根半島の四地域で構成されていますが、島根半島以外は火山です。しかも、この地域は『出雲国風土記』にある「国引き」の舞台です。国引きで神様に引き寄せられたのが隠岐諸島との説もありますが、私は島根半島だと考えています。

島根半島は縄文時代には本州と切り離されており、その後の海面後退や斐伊川による堆積物で出雲平野が出現し、縄文人はこれを語り継ぎ、出雲神話になったのだと、私は推測しています。

現在の島根半島は東西六五キロメートル、南北幅五〜二〇キロメートル、標高が二五〇〜五〇〇メートルの半島で、本州との間は「宍道地溝帯」で区切られています。宍道地溝帯は西から出雲平野、宍道湖、中海が並び美保湾へと続いています。本州側の中国山地から南側の海岸に面する平地は狭いですが、その狭い平地が地溝帯を介して島根半島に続いています。この地域の重力異常分布図を見ても、地溝帯は谷となり、島根半島が島であることを示しています。

やや切り立った島根半島の周辺部に対し、本州側のなだらかな景観から、地溝帯は本州側からの土砂の流出により一部が埋まり、陸続きになったことが容易に判読できます。縄文時代の一時期、現在より二〇メートルぐらい海面が高い時代がありました。この時代を縄文海進と呼びます。その後、海岸線は後退し、出雲平野には三瓶山の噴出物が堆積し、平野が広がり、本州と切り離されて存在していた島が接続し、島根半島になったのです。その有様を何代にもわたって見続けてきた縄文人の間の伝承が、出雲神話の国引きの物語に昇華したと考えています。

出雲の国の土地が狭いので、広くするために八束水臣津野命《やつかみずおみつののみこと》が、二本の綱を佐比売山《さひめやま》（三瓶山）と火神岳《ひのかみたけ》（大山）にかけ、陸塊を引き寄せたとの物語です。二つの山の共通点は、ともに火山で大山は独立峰に近く、三瓶山もまた出雲地方では高く目立つ山ですから、この物語に登場することになったのでしょう。ともに「郷土の富士山」の役目は果たしているのです。

コラム5　死語になった火山用語（3）――「トロイデ型」

「島根県のほぼ中央、出雲と石見の国境にそびえる標高一一二六メートルのトロイデ型（鐘状）の死火山が三瓶山だ」（『島根県の歴史散歩』山陰歴史研究会著、山川出版社、一九八六）。三瓶山を紹介するこの短い文章の中に、現在では二カ所に「死語」になった言葉が使われています。一つはコラム4で説明した「死火山」です。もう一つが「トロイデ型（鐘状）」です。

現在は富士山のように成層火山と紹介している火山はコニーデ型火山と紹介されてきました。成層火山は山頂の同じ噴火口から溶岩、火山弾、火山礫、火山灰などが繰り返し噴出し、層をなして次第に堆積し、大きな山体に発達し、美しい円錐形の火山が創出されます。成層火山は大きな山体に成長することが多く、噴出物の状態や種類などによって山体の傾斜が急になったりゆるやかになったりし、広大な裾野が展開されたりしています。

噴出した溶岩の粘性が大きいと、流れることなく火口付近に堆積します。釣鐘を伏せたような形の丘が形成され、トロイデ型火山などと呼ばれていました。この形の火山は「溶岩円頂丘」とか「溶岩ドーム」と呼びます。北海道の有珠山山麓に昭和一八（一九四三）年からの活動で噴出した昭和新山はその代表例です。三瓶山の頂上にも溶岩ドームが並び、冒頭の説明になりました。

アスピーテ型火山は日本では岩手県の八幡平がその一つとされていますが、流動性に富んだ平たい地形の火山体です。ただこの「アスピーテ型」も現在では使われず、盾状火山（シールドボルケーノ）と呼ばれています。地球上ではハワイ島のキラウエアやマウナロア、アイスランドの火山がその典型とされています。

このように現在の日本の火山学会では、明治時代にドイツの科学を輸入し使われていたドイツ語の科学用語で火山の形を表したのがコニーデ型、トロイデ型、アスピーテ型などです。現在はこれらのドイツ語は使われず死語となり、噴火に伴う噴出物による形成過程も重視し、成因も含まれた成層火山、溶岩ドーム、などと表現されるようになりました。

10 開聞岳（薩摩富士）

九州には多くの独立峰の火山があり、「〇〇富士」の異名を持つ火山も少なくありません。しかし、開聞岳《かいもんだけ》は富士山に似た、あるいはそれ以上の均斉のとれた美しい山容の山であることは間違いありません。標高こそ九二四メートルと低いですが、その円錐形の姿は本家の富士山よりも美しいと言っても過言ではありません。まさに「薩摩富士」です。

開聞岳は薩摩半島の南東端に東シナ海に突き出るように位置しています。その山容は海上からも目立ち、航海の良い目標です。第二次世界大戦末期、北側の知覧にあった陸軍特別攻撃隊基地で訓練を受ける若い飛行士たちにとっては、飛行中の良い目標であったと聞いたことがあります。突撃で最後の離陸をした飛行士にとっては、日本の象徴である富士山を思い出し、日本に、そして人生に最後の別れを告げる目印になっていたことでしょう。私も数回現地を訪れましたが、そのたびに飛行士たちは薩摩富士と両親の顔が重なっていたのではと想像し、彼らに感謝の思いを馳せ、冥福を祈っていました（写真21）。

開聞岳の火山活動は九世紀に集中し、山頂の溶岩ドームもこの時に形成されました。

八六〇年四月　噴火活動があったためと思われるが開聞の神に従五位上を与える。
八六六年五月　同じような事情があったのか従四位下から従四位上へ。
八七四年三月二九日　大噴火が発生、降灰砂は雨のごとし。爆発音は太宰府まで届いた。多くの被害が発生。川の水は濁り多くの魚が死んだ。これを食べた人も死亡したり病気になったりした。
八八二年一一月　「援薩摩国従四位上開聞神正四位下」とあり開聞の神は格下げになった。
八八五年八月〜九月　大噴火、火山雷を伴った噴火もあった。降灰多く田畑が埋まる。木々が枯れる。

朝廷は噴火のたびに、荒ぶる開聞の神を鎮めようと、位階を捧げています。また噴火が起こると必ず田畑には大きな被害があったことが記載されています。

一九六七年に付近で地震が群発しましたが、それ以外には火山活動は認められていません。しかし活火山です。

京都大学の防災研究所が地震計を設置して、テレメータで常時観測を実施しています。

開聞岳の北およそ三キロメートルの所に、九州一の面積の湖水・池田湖があります。湖面の直径は三・五キロメートル、面積は一〇・九平方キロメートル、標高六六メートル、最大水深二三三・〇メートル、平均水深一二二・五メートルです。最深部は海面下一六七メートルです。湖底には直径八〇〇メートル、湖底からの高さ一五〇メートルの湖底火山が存在しています。古い噴火口に水が溜まった大きな火口湖です。

その東三キロメートルには面積一・二平方キロメートルの鰻池があります。標高四・二メートル、最大水深五五・八メートル、平均水深三四・八メートルで、マールと呼ばれる爆裂火口に水が溜まった池です。名前の通りウナギの養殖が盛んです。このように開聞岳の周辺には火山活動でできた地形が至る所に並んでいます。地元の人々は地熱を利用して調理をしています。

さらに東の指宿市には、砂風呂で有名な指宿温泉があり、九州の一大観光地となっています。

写真 21　東側から見た開聞岳

第4章　北海道の「おらが富士」

本章からは、それぞれの地域の「おらが富士」の説明に入ります。富士山に山容が似ている、富士山同様、朝晩手を合わせる山、あるいはその両者が入り混じって崇拝されている山など、それぞれの生い立ちや環境が、理解されると、改めて富士山の魅力が認識されると思います。

北海道の「ふるさと富士」は一九座でそのうちの二座が「郷土の富士」です。

1　火山帯の中にある富士

北方四島の火山を除くと、日本の最北東端に位置するのが知床半島の中心にある火山群で、羅臼《らうす》岳《だけ》はその中心に位置します。知床半島はオホーツク海に七〇キロメートル突き出た半島で、そこには多種多様の動物相、植物相が存在し北海道を代表する自然景観が見られ、二〇〇五年、国内で三番目の世界自然遺産に登録されました。羅臼岳は標高一六六一メートルの成層火山で、「おらが富士」では「知床富士」と呼ばれています。北東側に位置する標高一五六三メートルの知床硫黄岳は一九世紀、二〇世紀と噴火の記録があります。羅臼岳は二二〇〇～二三〇〇年前以降、複数回の噴火記録がありますが、人類はその噴火を確認していません。しかし、ともに活火山で、羅臼・知床硫黄火山群として、火山防災上の注意は払い続けられている山です。

斜里岳《しゃりだけ》（一五四七メートル）は知床半島の付け根のオホーツク海側に広がる斜里平野の南端にそびえる成層火山で、「オホーツク富士」とも呼ばれています。独立峰で富士山に似た形をしていますが、すでに火山活動は終わった山で、これから噴火が起こる火山とは考えられていません。アイヌの人たちは昔から斜里岳に向かい祈りを捧げていました。現在でも、地元の人たちにとっては、その山容から「おらが富士」ではないでしょうか。

中標津町の温泉富士（六六〇メートル）はそのまま「温泉富士」と呼ばれています。

阿寒《あかん》富士（一四七六メートル）は雌阿寒岳（一四九九メートル）の南側に接している山で、およそ二〇〇〇年前に雌阿寒岳の六、七合目付近からの噴火で出現したと考えられています。その突出部の形から「富士」と命名されたようです。雌阿寒岳は一九五五年の噴火で山林耕地に被害が出ましたし、二〇世紀後半、さらには二〇〇六年、二〇〇八年などにも噴火しました。しかし、周辺にはほとんど人家はなく、雌阿寒岳からの噴火なのか、阿寒富士からの噴火なのかは、現実には区別がつきにくいです。したがって「雌阿寒岳の噴火」が「阿寒富士の活動だった」、あるいはその逆もあったでしょう。今後も阿寒富士の活動は雌阿寒岳の活動としてとらえるべきでしょう。多くの地図帳に雌阿寒岳のすぐ南側に「阿寒富士」と、単名で記入されています。

美瑛町と新得町に属し、十勝連峰北部に位置するのが美瑛岳《びえい》（二〇五二メートル）です。十勝火山群の一つですが、有史以来美瑛岳の噴火は確認されていません。頂上からは展望に恵まれ、周辺の高い山々が一望できます。その山容から「美瑛富士」という名前がつけられたのだろうと思います。

渡島半島中部に位置する北海道駒ケ岳は「渡島《としま》富士」と呼ばれますが、北海道の「〇〇富士」の中では、もっとも富士山に似ていません。特に南側の大沼、小沼を前景にすると、山頂が東西に長く、馬の背を思わせる形で、文字通り「駒ケ岳」ではあっても、円錐形の富士山の形には及びもつきません。しかし、大沼、小沼を前景にした駒ケ岳の姿は、それはそれで極めて美しい自然景観を呈しています（写真22）。

山頂の平坦な駒ケ岳を創造したのも、駒ケ岳の噴火でした。駒ケ岳は北海道では有珠山、十勝岳、樽前山などとともに、日本でも有数の活動する火山です。山頂部には東西二キロメートル、南北一・五キロメートルの東に向かって開いた広い火口原があり、数個の小火口が点在しています。およそ五〇〇〇年の休止期間を過ぎ、一七世紀になって活動を再開、以後今日まで五〇回以上の火山活動が確認されています。

一六四〇年七月三一日に大噴火が発生、山頂の一部が崩壊し岩屑なだれとなって東側と南側に流れ出し、東側への流れは噴火湾に流れ込み、大津波が発生し沿岸でおよそ七〇〇名が犠牲になりました。その後も軽石や火山灰の噴出、火砕流の発生があり、噴火活動は八月下旬まで続きました。南側に流出した岩屑なだれは、川を堰き止め、現在の大沼、小沼が出現しました。大沼に点在する小島は岩屑なだれの土砂が堆積し出現しました。

一八五六年九月二三日から山麓周辺で鳴動が始まり、二五日早

写真22　北海道駒ケ岳、手前は大沼

朝から地震が起こり出し、九時頃から激しい噴火が始まりました。噴火は高圧ガスの噴出で爆発力は大きく、多量の火砕物が放出されるプリニー式で、東麓や南東麓で多量の軽石や火砕流で人家が埋まるなどの被害が発生しています。

一九二九年六月一七日に噴火が始まり、一〇時頃には鳴動とともに大噴火が起こり、噴煙は一万三九〇〇メートルに達しました。火砕流も発生し大災害になりましたが、二三時には噴火活動は急速に衰え、一九日には正常に戻りました。家屋の焼失、埋没、全半壊など一九一五棟に達し、死者も出ました。山林耕地も多数被害を受けました。

一九四二年一一月一六日午前八時頃、鳴動とともに噴火が始まり、噴煙は八〇〇メートルに達し、噴出物は南東方向に降下し、堆積し、山頂火口原に大亀裂が生じました。

これらの大噴火の間や後にも、地震の群発や噴煙量の増加など、火山活動は消長を繰り返しています。

一九九六年三月にも噴火が発生し、噴出物の総量は一二万トンと見積もられています。二〇〇〇年、二〇〇一年、二〇〇二年にも地震の群発や火山微動、小規模噴火などが発生しています。

一九八一年、駒ケ岳周辺の五町の自治体が、全国で初めて「ハザードマップ」を作成、全戸に配布し、将来の大噴火に備えています。

コラム6　プリニー式噴火とプレー式噴火

火山噴火現象ばかりでなく、一つの自然現象を理解するためには、まずその現象の記載分類から始めます。ところが火山噴火では同じ火山でも、その時々で噴火の形が変わってきます。したがって現在では、一つの火山で噴火が始まると、その噴火がどんな噴火かが問題になります。

よく水蒸気爆発という言葉が使われます。一般的には水蒸気爆発は高温な地下水が原因で、高温で高圧になった地下水が地表に噴出する現象です。この場合爆発によって噴火口周辺を破壊し、岩石も飛び散りますが、それだけで終わる噴火がほとんどです。しかし、一八八八年の磐梯山の噴火では、山体が大きくえぐられるほどの噴火で、大量の土砂が流れ、現在の裏磐梯の景観を創出したような例もあります。大規模な水蒸気爆発なのです。

大きな地変をもたらす噴火の一つがプレニー式噴火です。火山灰や火山礫、溶岩片などを上空一万メートルの成層圏にまで噴き上げ、大量の軽石や火山灰、火山砕石物などが広範囲に厚く堆積する噴火様式なのだ。噴出した火砕物やガスが一体となり、混相流となって流れ下る火砕流も発生します。いずれにしても山麓の姿は大きく変化してしまいます。

古代都市ポンペイを埋めた西暦七九年のベスビオの噴火がその代表例とされています。日本では富士山の宝永の噴火がプレニー式噴火の例です。また一七八三年、浅間山の天明の噴火もまたプレニー式噴火で、火口から北に一二キロメートル離れた鎌原村一村が完全に埋まりました。

火砕流の発生とともに高温の気体の流れの「火砕サージ」が発生することもあります。さらに多くの噴出物を含み、そこに水蒸気爆発などが加わると破壊力が増します。一九〇二年、西インド諸島マルチニーク島のモンプレー火山の噴火が、その代表例とされています。この時は山頂（現在の山頂は一三九四メートル）から山麓へ熱雲が毎秒二〇メートルの高速で流れ下り、六〜七キロメートル離れたサンピエールの街と港に停泊していた船舶をすべて焼き払い、二八〇〇〇名の市民と約一〇〇〇名の船乗りが犠牲になりました。生き残ったのは地下牢の囚人二人だけだったそうです。このような大規模の火砕流が発生した噴火を「プレー式噴火」と呼びます。

2　形が似ているので「富士山」と呼ぶ

富士山は火山ですが、火山でない「おらが富士」は少なくありません。近くの山の形が富士山に似ていることから「〇〇富士」と呼んでいるのでしょう。道央の北見山地には、同名の「北見富士」が二座並んでいます。ともに火山ではありません。紋別市の南南西四五キロメートルに、標高一三〇六メートルの「北見富士」が位置しています。所在地は紋別市と遠軽町に属します。さらに、その北見富士の南南東四〇キロメートルには標高一二九一メートルの「北見富士」が鎮座しています。こちらの所在地は北見市で、山の名前そのものです。おそらくそれぞれの北見富士に、地元の人々は大きな愛着があるのでしょう。道北旭川市の西およそ六五キロメートル、増毛山地の北端に、日本海に面して標高一四九二メートルの暑寒別岳《しょかんべつだけ》が位置しています。暑寒別天売焼尻国定公園に属し、火山ではありませんが「増毛富士」と呼ばれています。その山容から地元の人々に親しまれているのでしょう。

暑寒別岳の南およそ一五キロメートルの石狩市浜益に位置する黄金山《こがねやま》（七三九メートル）は、ニシン漁で栄えた漁港の象徴的な山です。日本海と増毛山地に挟まれた家並みを見下ろすようにそびえており、「黄金富士」「浜益《はまます》富士」と呼ばれています。

このように北海道の「おらが富士」は山名と「おらが富士」の名称が同じなことが多いです。以下の山々はすべて同じです。

新十津川町の富士形山（八三八メートル）は、「富士形山」、音威子府村の音威富士（四八九メートル）も「音威富士」、鹿追町の糠平富士（一八三五メートル）も「糠平富士」、新冠町の新冠富士（一六六七メートル）も「新冠富士」です。一〇〇〇メートル級の山でも呼び方は変わりません。

函館市の釜谷漁港の背後に、漁港を見下ろすように美しい円錐形の山を、昔から人々は釜谷《かまや》富士（二四三メートル）と呼んできました。山頂からは本州の下北半島や津軽海峡を行き交う船舶を望見できます。現在も「釜谷富士」と称されています。

室蘭市の母恋富士（一四一メートル）も「母恋富士」、北斗市の不二山（四九七メートル）も「不二山」です。

第5章　東北の「おらが富士」

東北地方の「ふるさと富士」は「郷土の富士」と「おらが富士」を合わせ、青森県が四（うち郷土の富士が一、以下同じ）、岩手県が七（一）、秋田県が三（〇）、宮城県七（〇）、山形県二（一）、福島県一二（一）です。東北六県には合計三五座の郷土の富士と「おらが富士」が存在していることになります。その分布は秋田県、山形県に少なく、奥羽山脈よりも太平洋側に集中しています。秋田市には標高三五メートルの富士山があります。「富士山」と呼ばれる山で、日本列島最北に位置する秋田市の富士山は、山とは呼べない低い山ですが、「ふるさと富士」には掲載されています。

1　活火山の吾妻小富士

吾妻小富士《あずまこふじ》は吾妻火山群の中の一つの火砕丘です。吾妻山《あずまやま》は山形県と福島県の県境に沿って点在する成層火山、単成火山や火砕丘からなる火山群の総称で、東西二五キロメートル、南北一五キロメートルの広さに分布し、西吾妻山（二〇三五メートル）、中吾妻山（一九三一メートル）、東吾妻山（一九七五メートル）に大別されます。それぞれの火山は山頂付近には噴火口を有し、全体として西側より東側が新しいです。そして山体の一部は山形県に位置する西吾妻山も福島市や猪苗代町に所在する東吾妻山もともに「吾妻富士」とも呼ばれています。

西吾妻火山群と、中吾妻火山群は三〇万年前までには火山活動は終了し、東吾妻火山群だけが現在でも活動を続けています。およそ六〇〇〇年から五〇〇〇年前の間、東吾妻山の北側に成層火山の一切経山（一四九四メートル）が出現し、その東側にはカルデラが形成されました。そのカルデラ内には吾妻小富士、桶沼、大穴、五色沼など多くの新しい火砕丘や火口が出現、窪地には水が溜まり火口湖になっています。吾妻小富士から東麓に溶岩の流出があったことも認められています。

吾妻小富士は摺鉢山《すりばちやま》とも呼ばれ、その火口は直径がおよそ五〇〇メートルの円形で、火口縁の最高点は東縁にあり標高一七〇五メートルです。樋沼はその南西側にある側火口で、直径二〇〇メートル、火口縁の最高点は南側にあり、標高一六二二メートルです。「おらが富士」としてそのまま「吾妻小富士」と称され、その麓の西側に広がる浄土平との間には磐梯吾妻スカイラインが建設されています。火山防災の面からは、常に注意が必要な場所になっています。

歴史時代に入る前には、吾妻小富士を含む一切経山の周辺で、かなり活発な火山活動があったことが地質学的な調査から分かっていますが、歴史時代に入ってからの噴火活動はほとんど一切経山周辺が中心です。

一七一一年、一八一〇年にそれぞれ小規模な噴火があったようです。大きな活動は一八九三年から九五年の間に発生し、「明治噴火」と呼ばれています。一切経山付近からの水蒸気爆発ですが、一八九三年五月一九日に始まり、爆発、噴石、降灰などが繰り返されていました。六月七日には噴火活動を調査中の二名が爆発に遭遇して亡くなりました。日本における、火山噴火調査で亡くなった最初の事例となりました。噴火活動は一八九四年にも繰り返され、噴火、鳴動、降灰などが続きました。一八九五年にも繰り返されていましたが、九月一五日で活動は終わりました。

その後も一九一四年、一九五〇年、一九五二年、一九六六年などに小規模の噴火や地震などが発生していました。

一九七七年一二月七日に小噴火が起こり、噴気活動が活発化しました。それ以前から酸性の泥水が付近の河川に流入して魚が死に、養魚所にも被害が生じていました。噴気活動は翌年まで続いていました。

気象庁が一切経山付近に地震計を設置して、福島地方気象台まで信号を送りテレメータ観測を実施しているほか、東北大学が地震計や傾斜計の連続観測を実施しています。

田村市と葛尾村にまたがる竜子山《たつこやま》（九二一メートル）は原生林と野鳥が生息する自然美があふれている山で、四季折々の素晴らしい眺望が楽しめます。「葛尾小富士」「野川富士」「小富士」などとも呼ばれています。

やはり田村市にある片曽根山《かたそねやま》（七一九メートル）はその山容の美しさから「田村富士」「三春富士」と呼ばれ、街のシンボルになっています。毎年五月中旬から下旬にかけて、山頂には山つつじが咲き乱れ、人々を魅了しています。

白河の富士見山（四三七メートル）は「富士見山」とそのまま呼ばれています。

2　北部の富士

十和田火山は十和田湖を中心にした直径一一キロメートルのカルデラと、その南にある二つの半島によって囲まれている直径が二五〇メートルたらずの内側カルデラからなる二重カルデラの活火山です。外側のカルデラの最高点は火口縁の北側端にある御鼻部山で標高一〇一一メートルです。内側カルデラは中湖と称し、湖面の高さは三二七メートル、東側にある半島の先端には溶岩ドームの御蔵山が位置し、標高六九〇メートルで最高点です。御蔵山は一〇〇〇年前の噴火によって形成されました。この御蔵山の活動が、記録に残る十和田火山の最後の、あるいは最新の噴火です。十和田市の、この十和田火山の東側に位置するのが十和田山（一〇五四メートル）で御子岳の別称もあり、「十和田富士」と呼ばれています。その北麓は奥入瀬渓流の入り口になります。

この節でこれから紹介する山はすべて火山ではありません。ほとんどはその姿から富士山と呼ばれているようです。

南部町と三戸町の境界にあるのが名久井岳（六一五メートル）で「南部小富士」と呼ばれています。外ヶ浜町と今別町の境界に位置するのが袴腰岳（七〇八メートル）で、「小不二」と称されています。岩手県の遠野盆地の南東、遠野市と釜石市の境界付近に位置する六角牛山《ろっかくうしさん》（一二九三メートル）は、山稜が風化して残った残丘と呼ばれるドーム状の山で、「遠野小富士」と呼ばれています。麓には六神石神社あり、早池峰山、石上山とともに遠野三山と呼ばれ、山岳信仰の場でした。その南西二五キロメートルにあり遠野市にも入る物見山（八七一メートル・種山とも呼ばれる）は「長富士」と呼ばれています。もちろんこれらの山は火山ではありません。

奥州市の富士の根山（三〇七メートル）は「富士の根山」、野田村の和佐羅比山（八一四メートル）は「野田富士」とそれぞれ呼ばれています。

一関市の東の端に位置する室根山《むろねさん》（八九五メートル）は、山頂からの眺望が魅力の山で、眼下には太平洋、北には岩手山や早池峰山、西には栗駒山などを一望できます。八合目付近にある室根神社の特別大祭「室根祭り」は国の重要無形民俗文化財に指定されています。

秋田県鹿角市の茂谷山《もやさん》（三六二メートル）は中腹には月山神社もあり、古くから「毛馬内富士」として、地元の人々には親しまれてきた山です。周囲には縄文時代後期の遺跡とし国の特別史跡に指定されている有名な大湯環状列石、茂谷遺跡、門ノ沢遺跡などが点在しています。

秋田市内には冒頭に述べた標高三五メートルの「富士山」があります。北秋田市の七角山（二七五メートル）は「七角富士」「前田富士」などと呼ばれています。

3　太平洋岸に並ぶ富士山

岩手県から宮城県、福島県への太平洋岸には火山でない富士山が点在しています。

岩手県気仙沼市の大森山（四七九メートル）は「綾里富士《りょうり》」と呼ばれています。山頂から東側に眺められるリアス式海岸は大津波の襲来地で、「綾里富士」も東日本大震災をはじめ、数々の大津波の襲来を目撃してきたことでしょう。

宮城県栗原市にある大土ヶ森《おおどがもり》（五八〇メートル）は三角形の山の形が富士山に見えることから、地元の地名の「文字《もんじ》」をつけて「文字富士」と呼ぶようになりました。地域の暮らしに密接にかかわってきた山で、登山道の途中にはクジラ岩、大兎岩など不思議な形をした岩があり、気軽に森林浴が楽しめます。

宮城県加美町の薬萊山《やくらいさん》（五五三メートル）は町内のシンボル的な山で、いろいろな場所から秀麗な山の姿を見ることができ、「加美富士」と呼ばれています。天平年間に付近一帯で疫病が流行した時、山頂に薬師如来を祀ったことから、現在の山名が付いたと伝わっています。

仙台市の太白山《たいはくさん》（三二一メートル）は市内のどこからでも、その美しい円錐形の山の姿を見ることができ、「名取富士」とか「仙台富士」と呼ばれます。山内には多種多様な植物、動物、野鳥が生息し、市民が自然を体感する場になっています。

石巻市には富士高森山（二五〇メートル）の「富士高森山」、小富士山（三〇八メートル）の「小富士山」（または「富士山」とも呼ばれる）と、「富士」がついた山が二つもあります。さらに同市内には二つの羽黒山（一四五メートルと四九メートル）があり、ともに「小富士山」との呼称があります。

福島県いわき市には、やはり火山でない「富士」と呼ばれる山が四座あります。市の南西部、阿武隈高地南部の東斜面に位置する滝富士（三〇八メートル）は、街中に緩やかに裾野を広げ人々を迎え入れてくれます。滝楚神社が建つ山頂からは太平洋をはじめ、周辺の眺望がすばらしく、そのまま「滝富士」と称せられています。石森山（二二五メートル）は「磐城富士」、納谷富士（二一八メートル）と絹谷小富士（一五九メートル）はそのまま「納谷富士」と「納谷小富士」と呼ばれています。石森山以外は地元ではもともと「富士」の呼称が付いている山です。

第6章　関東の「おらが富士」

首都圏の一都六県に「おらが富士」は六四座を数えます。驚いたことに、そのうちの二六座の山名が「富士山」でした。「不二山」を入れると二七座です。読み方は「フジサン」「フジヤマ」などいろいろあるかもしれませんが、とにかく漢字では「富士山」なのです。東京都以外の六県に分布しており、そのほかの富士山は八座だけです。何故関東地方にだけに「富士山」と呼ばれる山が、日本列島内の七七パーセントも存在するのかは興味があります。栃木県と茨城県にそれぞれ七座ずつあります。比較的富士山が見えない地域かもしれませんが、関東地方からはかすかながらも富士山が望見できる地域が多いのです。

「小富士」は三座、さらに「〇〇富士」など名前に富士の付く山を入れるとその数はもっと増えます。

首都圏は富士山から一〇〇キロメートル以上離れていても、かすかにでも見える地域が広いので、直接、拝むには困らないと思うのですが、数多くの富士山が存在する理由は、よく分りません。本章ではその点に注意しながら、関東地方の「おらが富士」を概観していきます。

1　谷川岳が富士

上越国境に位置する谷川岳が「谷川富士」と呼ばれていることを知り、大きな違和感を持つとともに、改めて日本人の富士山への憧れを再認識させられました。谷川岳は群馬・新潟県境に位置する三国山脈に属し、その稜線は中央分水嶺で西への流れは信濃川、東への流れは利根川に注ぎ、それぞれ日本海、太平洋へと流れ出ています。

三国山脈の中で、清水峠から三国峠の間を谷川連峰と呼び、最高峰の仙の倉山を中心に、二〇〇〇メートル前後の山が並んでいます。そして狭義の谷川岳は南北に延びる谷川連峰の中心付近にある「オキの耳（一九七七メートル）」「トマの耳（一九六三メートル）」の二つのピークを持つ山を指します。南側の群馬県沼田市あたりからは双耳峰に見えます。トマの耳とオキの耳の間の東側の沢がマチガ沢、その北のオキの耳と一ノ倉岳の間の東斜面の沢が一の倉沢ですが、一般にはこの二つの沢も谷川岳に含まれています。そしてこの二つの沢登りをする登山者は「谷川岳に行く」と言って家を出るでしょう。

谷川岳を有名にしたのは、その登山事故の多さです。遭難者を調べるため統計を取り始めたのが一九三一年で、二〇〇五年までの七四年間に、谷川岳での遭難者は七八一名です。平均すれば毎年一〇名の人が谷川岳で命を落としていて、「魔の山」と呼ばれてもいます。

登山者の中で、岩登りをする人をここではクライマーと呼びます。クライマーにとって谷川岳の魅力は東斜面のマチガ沢、一ノ倉沢の岩壁です。北アルプスの穂高岳、剣岳とともに日本三大岩場に数えられますが、谷川岳は標高二〇〇〇メートルにも満たない山なのです。

一の倉沢の奥、北側にそびえる衝立岩をはじめとする垂壁は一〇〇〇メートルの岩屛風を形成しています。この岩屛風を、いろいろなルートを見つけて登攀するのがクライマーたちにとっての魅力なのです。

一九六〇年九月、衝立岩に登攀中の二人のパーティが遭難し、岩壁に宙吊りになりました。遺体の回収は自衛隊が宙吊りのザイルを狙撃して切断する方法がとられ、世間の注目を集めました。当時のメディアは遺体の回収は成功したと報じていました。この出来事によって谷川岳の「魔の山」のイメージはさらに拡大しました。

尾根歩きの登山も含めて、谷川岳登山が人気を集め出したのは一九六〇年頃からでした。その頃話題になったのは、「氷河の擦痕」でした。谷川岳山頂へ通ずる西黒尾根の頂上近くの登山道の岩に、道を横断するように数本の傷がついていました。この傷が、かつて存在していた氷河によってつけられた傷だと主張する研究者がいて話題になりました。氷河についてはすでに鳥海山の項でも触れましたが、氷体が移動しなければなりません。登山道の傷は氷体の移動により岩盤が傷つけられた擦痕だとの主張でした。しかし、日本の山に残る氷河地形は、日本アルプスでは三〇〇〇メートル以上、北海道の山でも二〇〇〇メートル以上の高所で、標高が二〇〇〇メートルにも満たない谷川岳に氷河は存在しなかったというのが、当時の一般的な結論でした。

その後、研究が進み、谷川岳の特殊な自然環境が注目されるようになりました。谷川岳は冬季に日本海からの水蒸気を多量に含んだ季節風をまともに受け、現在でも東側斜面のマチガ沢や一の倉沢には多量の積雪が夏でも残っています。現在よりもはるかに寒い気候であった氷河時代、この二つの沢には夏になっても大量の積雪が残っていた、しかもそれは年々厚さを増し、積雪は氷へと変化をしてゆき、ついに二つの沢は氷体で埋め尽くされました。沢を埋めた氷体は重力の作用によって沢の下流ばかりでなく、西黒尾根をも越えてあふれだしたのです。西黒尾根の氷河の痕跡はその時に生じた擦痕だったのです。

一方、二つの谷筋はU字谷を形成し、氷河期が過ぎてからは谷の氷は無くなり堆雪も少なくなり、岩壁が露出し始めました。冬季の季節風は相変わらず多量の雪を運び、雪崩が頻発して岩壁を削り、日射はその表面を風化させ、今日の姿になったのです。谷川岳の岩壁は穂高岳や剣岳と同じように、氷河によって形成されたのです。そんな経過をたどり、谷川岳は二〇〇〇メートルにも満たない山体ながら、日本アルプスの最難関の岩壁にも匹敵する姿になったのです。

谷川岳は望見する限り、火山でもなく、独立峰でもなく、そして双耳峰ながらそれほど美しい山容でもありません。ではなぜ地元の人にとっては「おらが富士」だったのでしょうか。私は自然崇拝の結果ではないかと考えます。火山でもないので一般的には恐れる山ではありませんが、自然と手を合わせたくなる山として、「谷川富士」とも呼ばれるようになったと推測しています。

谷川岳から西に一・五キロメートルの尾根上にあるピーク・「オジカ沢ノ頭」（一八九〇メートル）は「万太郎富士」と呼ばれています。その尾根の上の西にある万太郎山は新潟県の項に紹介してありますが、「越後富士」です。

榛名山は群馬県北西部に位置し、基底の直径二〇キロメートルの複合火山で、成層火山の頂上部には直径二キロメートルのカルデラがあり、そのカルデラの東半分を占める溶岩ドームが「榛名富士」（一三九〇メートル）と呼ばれ、その西側には冬季のワカサギ釣りが有名な火口湖の榛名湖が広がります。さらにその西側には最高峰の掃部《かもん》ヶ《が》岳《だけ》（標高一四四九メートル）が位置していますが、これは「おらが富士」ではありません。

この二つの火山はともに噴火記録はありませんが、噴出物と考古学遺跡から五世紀、六世紀初頭、六世紀中頃の三回の噴火が確認されています。特に六世紀中頃の噴火はプリニー式で大量の軽石、火砕流が噴出し、溶岩ドームが形成されたと考えられています。活火山ですが、付近一帯は観光地となっています。

榛名山、妙義山、赤城山は「上州三山」と地元では呼ばれています。妙義山は火山ではなく多くのピークが並ぶ岩山で、日本三大奇景の一つとされています。ピーク群の最高峰・相馬岳の標高は一一〇四メートルです。そのピークの一つで北方の尾根に直立している岩峰が「妙義富士」と呼ばれています。標高は資料によっていろいろですが、北緯三六度一八分三五秒、東経一三八度四五分二四秒に位置し、その地点は七九〇メートルです。富士山に似て見えるピークの形からの命名です。

赤城山は独立峰の火山ですから、榛名山や谷川岳よりはるかに赤城富士と呼ばれそうな山ですが、そのような呼称はありません。群馬県の中央東側に鎮座している赤城山は、わざわざ「富士」を附加しなくても「赤城山」あるいは「上州の赤城山」として、地元の人々には十分に親しまれている山なのでしょう。

甘楽郡甘楽町にある富士《ふじ》ノ《の》越《こし》（三五二メートル）は、小畑藩の城下町にあり小畑丘陵の一つの峯です。里山で通称として「小畑富士」と呼ばれています。小畑藩は織田信長の次男・信雄が大坂夏の陣の後この地を与えられ、以後八代一五二年間、織田家が治めていました。小畑富士は織田家の庭園の借景の役目を果たしていた山です。

四ツ又山《よつまたやま》（九〇〇メートル）は下仁田町と南牧村の境界に位置し、山頂付近の凹凸が富士山に似ていることから、「下仁田富士」と呼ばれています。その特徴ある山容から霊峰として、昔から人々の信仰する山で、山頂のひとつひとつの峯に石仏像が祀られています。

下仁田町と長野県軽井沢町の境界にそびえる日暮山《にっくらやま》（一二〇七メートル）は昔から信仰の山で、左右対称に整った山容は「おらが富士」として申し分のない姿で、「矢川富士」と呼ばれ、人々の祈りの対象になっていました。山頂には石室の御岳神社、登山道には数々の石碑が残り、信仰の山の姿を留めています。

南牧村には富士浅間山または舟形山（八九九メートル）があり、「富士浅間山」と呼ばれています。

渋川市の富士山（五六四メートル）と桐生市の富士山（一六二一メートル）はともに「富士山」ですが、川場村の富士山（七八〇メートル）は「川場富士」です。桐生市には不二山（二八六メートル）もあり、やはり「不二山」と表記しています。

高崎市や長野原町の境界にある浅間隠山《あさまかくしやま》（一七五七メートル）は「川浦富士」です。

このように群馬県の「おらが富士」は一三座、そのうちの三座が富士山、一座は不二山です。

2　「富士山」もある栃木県の富士

栃木県には冒頭でも記したように富士山そのものが、多数存在しています。「おらが富士」が一三座あり、そのうち七座の山名が漢字で書けば「富士山」です。実に半分以上が富士山なのです。

栃木県の男体山（二四八六メートル）は二荒山、黒髪山の別名があり、「日光富士」「下野富士」の呼称もあります。栃木県を代表するこの山は、七八二年に開山された山岳信仰の山で、男体山、女峰山（二四六四メートル）、太郎山（二三六八メートル）を「日光三山」と　火山活動で創出した中禅寺湖を前面に、重厚な姿の男体山の北側背後には火口が開き女峰山や太郎山、大真名子火山群が並びます。男体山は毎年五月五日に開山され、一〇月二五日に閉山となり、現在でも登拝祭や「峰修行」が行われ、山岳信仰の伝統が残されています。

中禅寺湖、華厳の滝、戦場ヶ原などの現在の景観は、七〇〇〇年前の噴火活動の溶岩流出で形成されました。歴史時代に入っての噴火活動の記録はありませんが、男体・女峰火山群は現在も活火山です。

日光の社寺とそれを取り巻く華厳の滝や男体山などの自然環境が、世界文化遺産に登録されています。

那須町の那須高原にある御富士山《おふじやま》（四九七メートル）はなだらかな丘のような山体で、山頂には「浅間様」と言う祠があり、五穀豊穣、家内安全を願って獅子舞が毎年九月一日に奉納されています。しかし「浅間様」が祀られているということは、その祈りも昔は火山噴火の沈静化だったと推測できます。「那須富士」と呼ばれています。

佐野市にある諏訪岳《すわだけ》（三二四メートル）は市内の中町付近から見ると山の稜線が富士山のように見えるので、「中村富士」と呼ばれ、地元の人々に親しまれています。

益子焼で知られる芳賀郡益子町と北東の茂木町にまたがり、どちらの街から見ても美しい山容を見せているのが大平山《おおひらさん》（三七二メートル）です。高くはありませんが、その端正な形から地元の人々は「芳賀富士」として親しんでいます。

足利市の浅間山（一〇九メートル）は「足利富士」と呼ばれています。

那須塩原市の須巻富士《すまきふじ》（七一〇メートル）は塩原自然研究路沿いにあり、山頂にはなぜか川崎大師厄除不動尊が建立されています。山頂の北側には須巻富士山公園があり、原生林の美しい樹相が楽しめます。もちろん「須巻富士」と呼ばれています。

那須塩原市の富士山《ふじさん》（一一八四メートル）は「新湯富士」ですが、そのほかの富士山はすべて「富士山」です。それらの富士山を列記しておきます。日光市の富士山（四二七メートル）、塩谷町の富士山（三六五メートル）、鹿沼市の富士山（二三〇メートル）、大田原市の富士山（二一四メートル）、岩舟町の富士山（九四メートル）、さくら市の富士山（二〇六メートル）です。これらの富士山はすべて標高が数百メートルと高くなく里山です。

栃木県の「おらが富士」は一三座で、そのうち山名が「富士山」は七座です。

3　「富士山」は茨城県にも多い

関東地方の東部、茨城県つくば市の北部に位置する筑波山は、山体全域が筑波神社の神域です。西側の男山（八七一メートル）、東側の女山（八七七メートル）からなる双耳峰で、南東二〇キロメートルには霞ケ浦が広がっています。一〇〇〇メートルに満たない山ですが頂上からは関東平野が一望でき、逆に関東平野の中に単独で位置していますので首都圏からも容易に望見できる山です。その高さは比較にならないくらい富士山が高いのに「西の富士、東の筑波」と並び称されています。そのように親しめる山の為でしょうか、「筑波富士」と呼称され、雅称は「紫峰」、『万葉集』などには「つくばね」と呼ばれ数多く残されています。万葉の歌人・高橋虫麻呂の歌碑が筑波神社に建造されています。もちろん火山ではありません（写真23）。

写真23　霞ケ浦から見た筑波山

茨城県にも男体山があります。名瀑袋田の滝近くの大子町の南部、常陸太田市との間に所在する奥久慈の男体山（六五四メートル）は、北側から東側にかけては比較的緩やかな傾斜で、南側から西側は断崖絶壁で「久慈富士」と呼ばれています。山頂からは遠く太平洋や富士山までも見ることができます。

袋田の滝へ流れ落ちる滝川に面し、久慈山地の主峰で、奇岩、怪石の岩稜に、急斜面があり老松が茂っている生瀬富士《なませふじ》（四二〇メートル）は、山頂からは筑波山や那須連山、日光の山々が望めます。そのまま「生瀬富士」と呼ばれています。大子町の長福山（四九六メートル）は「常陸富士」です。

城里町の富士ケ平山《ふじがひらやま》（三四〇メートル）は山頂に浅間神社の祠があり、「赤沢富士」と呼ばれ、麓では昔から五穀豊穣、家内安全を祈願する富士講が行われた、信仰の山です。城里町にはもう一つ赤沢富士（二七五メートル）の名のついた山があり、眉山とも呼ばれますが、やはり「赤沢富士」です。このように狭い街に二つの富士を考えると、人々は自然崇拝の心からそれぞれの山を崇拝していたのでしょう。そして富士山崇拝から「山」を崇拝する心が自然に増幅されてゆき目の前にある山を拝むようになったのではないかと推測されます。

常陸大宮市の盛金富士《もりがねふじ》（三四一メートル）は赤沢富士の北、久慈川西方に位置し、八溝山地が南北に並ぶ中の一つ、鷲子山地に属します。見る位置によって山の形が富士山に似ていることから地元の名を採り、「盛金富士」と呼ばれています。

常陸大宮市の小舟富士（二七三メートル）はそのまま「小舟富士」、小瀬富士（二四七メートル）も「小瀬富士」です。桜川市の山尾山（三九七メートル）は「真壁小富士」です。

常陸太田市の富士山（四〇九メートル）は里見富士とも呼ばれますが「富士山」です。北茨城市の富士山（二〇六メートル）は「関本富士」と「富士山」です。以下五座の富士山は呼び名が変わることもあります。常陸大宮市は「御前山富士」（一八三メートル）、笠間市には三座の富士山があり、「笠間富士」（一八三メートル）と「富士山」、「友部富士」（一二八メートル）と「富士山」、「富士山」（一四四メートル）だけが「富士山」です。石岡市の「八郷《やさと》富士」（一五二メートル）は「富士山」も併称されています。

このように常陸の国（茨城県）には一七座の「おらが富士」がありそのうち七座の山名が「富士山」です。本家富士山への憧れから周辺の山を「おらが富士」として、敬い呼ぶようになったのではないでしょうか。

4　首都圏の富士山

四〇〇メートルより高い山はほとんどない千葉県にも「おらが富士」は五座があり、そのうち富士山が二座で、割合としては大きいです。

君津市の富士山《ふじやま》（二八五メートル）は、浅間山と呼ばれていましたが、地域内で一番高いところにあり、見る位置によって、富士山のように見えることから「上総富士」、「大坂富士」などと呼ばれています。

鴨川市には残り四座の「おらが富士」が点在しています。鹿野岡（二〇九メートル）は「鴨川富士」「長狭富士」、富士山あるいは波太富士（四〇メートル）は「波太富士」、浅間山は二つあり、標高三六七メートルの浅間山は「富士山」、標高八八メートルの浅間山は「天津小富士」とそれぞれ呼ばれています。

千葉県の「おらが富士」は五座で、そのうち山名が富士山は二座です。

東京都の富士山はすでに紹介した八丈富士のほか、小笠原諸島母島の最南端に小富士（八六メートル）があり、「小富士」と呼ばれています。

東京都西部の青梅市にある富士峰（八八三メートル）は「御岳富士」、瑞穂町には駒形富士（一九四メートル）があり、そのまま「駒形富士」と呼ばれています。

離島にある八丈富士や小富士を含め東京都にも「ふるさと富士」は四座、そのうち「おらが富士」は三座です。

埼玉県にも「おらが富士」は四座ありそのうち三座が富士山、一座も弟富士山ですから、以下のようにすべてが富士山です。

日高市の西に位置する富士山《ふじやま》（二二〇メートル）は「平沢富士」と呼ばれ、山頂には浅間神社があり、地元の人にとっては信仰の山となっています。富士講の行者たちは、近くの滝で身を清め神域にある岩に登り禊を行い、浅間神社で国土安寧、五穀豊穣の祈祷をしていたそうです。この付近はすでに述べた高句麗からの渡来人を集めて武蔵の国に高麗郡を作った地です。

飯能市の富士山（二九〇メートル）は「間野富士山」、小川町の富士山（一八二メートル）はそのまま「富士山」、秩父市の弟富士山は「弟富士山」とそれぞれ呼ばれています。

5　「平塚富士」は「ペテン山」

神奈川県には九座の「おらが富士」がありますが、四座が富士山、二座が小富士山です。そのなかで三浦半島中央に位置する富士山《ふじさん》（一八三メートル）が知られています。「三浦富士」と称され横須賀市に属していますが、低いながらもその山容は堂々としています。山頂には浅間神社があり、「浅間神社奥宮」と刻まれた石碑が建っています。山頂からは東京湾、相模湾、房総半島が視野に入り、富士山も眺められます。

ほかに平塚市にも富士山（六〇メートル）があり「富士山」と、伊勢原市の「富士山」（六二メートル）も、同じように「富士山」と呼ばれています。

驚いたことに鎌倉市には小富士山が二つもあります。そのうちの一つは「相模の富士」と呼ばれ標高は六二メートル、もう一つは「小富士」で標高は五〇メートルです。

愛川町の富士居山（六三三メートル）は山名が「富士山」とも呼ばれ、「おらが富士」でも「富士山」です。同じく仏果山（七四七メートル）は「半原富士」、経ヶ岳（六三三メートル）は「荻野富士」とそれぞれ地元の人々には呼ばれています。

奈良時代に都から高句麗の人々が移住してきたときの上陸地、神奈川県大磯町の高麗山《こうらいさん》（一六八メートル）は、隣の市名がかぶせられ「平塚富士」と呼ばれています。私は小学校三年生から平塚市に住み教育を受けました。ですから地元のことはかなり知っているつもりでしたが、「平塚富士」は聞いたことがあったかもしれないと言う、かすかな記憶しかありません。

同級生の友人の中には確かに高麗山を「平塚富士」と呼ぶと聞いたことがあると言う人もいました。そのような記憶を持っている人は数パーセント程度です。しかし、そんな呼ばれ方をした時代もあったのでしょう。

私が子供の頃の平塚市の小学生にとっては、歩いても二時間もかからない高麗山は遠足の目的地でした。高麗山は大磯丘陵の東端に位置し、そこから西へと丘陵が延びています。東側からは独立した三角形の山に見えますので、富士山に似ていると言っても、そうかなと思う人もいるでしょう。

高麗山西側の丘陵上の平坦地を現在は湘南平と呼びますが、当時は千畳敷と呼ばれ、第二次世界大戦中は日本軍の高射砲陣地が築かれていました。戦争直後は小学校の遠足の目的地はそんなところでした。

どう考えても、平塚の人が富士山に愛着を持って、火山でもない、たかだか一〇〇メートル足らずの山を、なぜ「平塚富士」と呼んだのかは、謎です。富士山が見えないならともかく、すぐ右側に、四季折々の美しい富士山が見られるのです（写真24）。

写真24　平塚宿から見た「ペテン山」とよばれた高麗山

当時の同級生の多くが記憶していることは、高麗山は「ペテン山」と言われていたということです。江戸から京を目指す人にとって、平塚宿は東海道の七番目の宿になります。東海道は東西に宿を横断していました。そして、西を見ると丁度正面に高麗山のずんぐりした山容が見られます。宿泊客を増やすため、土地の人は旅人達に向かって「これからあの山を越えるのですから大変です。明日朝早立ちで越えたらいかがですか」と宿泊を勧めたそうです。しかし、東海道は山越えをすることなく、高麗山の南側の麓を通り、大磯宿から海岸沿いに小田原へと続いていたのです。このように旅人をだますことに使われた山なので、地元では高麗山を「ペテン山」呼ぶようになったのです。

高麗山の麓には高麗寺や高来神社が造営されています。その関係から、高麗山は地元では「高麗《こうらい》寺山《じやま》」とも呼ばれています。また「高麗山《こまやま》」と呼ぶこともあるようですが、これは地元の呼び方を知らない人が、漢字だけから判断して読んだと私は解釈しています。少なくとも地元の呼び方は「こうらいさん」、あるいは「こうらいじやま」です。また「高来神社《こうらいじんじゃ》」も同様で、寺と区別するために「来」の字を使ったのだろうと推測します。

同じく平塚市の富士山も、知っている友人はほとんどいませんでした。町村合併前の平塚市は、平坦地で、高い場所でも標高は二〇メートル程度の市でした。町村合併で周辺の村が合併して、山と言うよりは丘陵地が加わりましたが、調べた範囲では、標高六〇メートルの富士山を見つけ出すことはできませんでした。ただし国土地理院発行の地形図は見ていません。

コラム7　「フジヤマ」の「トビウオ」

第二次世界大戦の敗戦で、日本国中が貧乏で、疲弊していて、人々が自信を無くしていた時代に、世界に名を轟かせ、日本人を鼓舞してくれた出来事がありました。それは日本の水泳選手たちでした。一九四八年にロンドンでオリンピックが開催されました。敗戦国日本は参加を許されなかったが、日本水泳連盟は同年の日本選手権をロンドンオリンピックの時期に合わせて開催しました。まだテレビの無い時代、ラジオからはロンドンオリンピックのニュースとともに、全日本水泳選手権のニュースも聞こえてきました。そこで国民を驚かせたのは、男子水泳陣の多くの記録が、ロンドンオリンピックの金メダリストの記録を上回ったことでした。

正確な数字は覚えていませんが、一五〇〇メートル自由形では、ロンドンオリンピックの金メダリストの記録が一九分台に対し、日本の古橋広之進や橋爪四郎の記録は一八分代後半で、初めて一九分の壁を突破したのでした。その他の幾つかの種目でも、同じことが起こりました。

そこでアメリカは翌一九四九年八月の全米水泳選手権に日本選手数名を招待したのです。そこでは、やはり一五〇〇メートル自由形で、古橋が一八分一九秒の大記録で優勝、橋爪も一八分三〇秒前後の記録(だったと思いますが)で二位に入りました。古橋の大記録に驚いたアメリカのメディアは、古橋を「フジヤマのトビウオ」と世界に発信しました。

戦争を始めて敗れた東洋の小国として、世界からはさげすまされていた当時の日本でしたが、美しい富士山を象徴する「フジヤマ」の表現で、瞬く間にその存在が世界で再認識された出来事でした。富士山はそれだけの魅力があり、価値がある山なのです。

なお古橋選手らはプールが不足していたので、ときどき近くにあった私の母校、神奈川県の湘南高校のプールで練習していたそうで、先輩たちからは社会人になってからの古橋選手から、「あの頃はお世話になりました」と何回も言われたと聞かされていました。ところがそのプールは一九三五年ごろに、生徒たちの手作りで完成したプルーで、二五メートルプールのはずが二〇センチほど長かったのです。在学中、体育の教師からは「君たち此のプールで世界記録を出しても公認されないぞ」と言われていました。プール脇の脱衣所には五右衛門風呂があり、練習後の選手たちが体を温めていました。「フジヤマのトビウオ」はそんな環境から生まれたのです。「秀麗の富士」は母校の校歌の歌いだしです。古橋選手らの練習を富士山も眺めていたのです。

第7章　中部・北陸の「おらが富士」

中部・北陸地方は九県に八九座の「おらが富士」があります。本家の富士山を入れると九〇座の「ふるさと富士」が存在しています。山名が富士山は長野、愛知、岐阜に各一座あります。日本海側にはありません。

1　山国信州、おひざ元の甲州、越後の「おらが富士」

山国信州にも「おらが富士」があることに、多少の驚きを感じます。理由は信濃の国には数多くの立派な山があるのに、なぜ「おらが富士」が必要だったのかと言うことです。

長野県の北部に「北信五岳」と呼ばれる山があります。妙高山（二四五四メートル）、黒姫山（二〇五三メートル）、斑尾山《まだらおやま》（一三八二メートル）、飯綱山（一九一七メートル）、戸隠山《とがくしやま》（一九〇四メートル）です。このうち戸隠山を除く四座が火山で、新潟県に位置する妙高山は活火山です。そして五岳のうち、二座の火山に、富士の名がついています。妙高山には「越後富士」、黒姫山は「信濃富士」です。そして両方の山とも昔から信仰の山として崇められています（写真25）。

妙高山の周辺には温泉が湧き妙高高原温泉郷として、登山者ばかりでなく、多くの観光客が訪れています。俳人小林一茶は黒姫山の麓の柏原で生まれ、晩年を過ごした地で、記念館が建っていま

写真25　北信五岳の一つ黒姫山

す。黒姫山の東にある野尻湖ではナウマンゾウの臼歯が発見され、以後発掘調査が進んでいます。少なくとも数万年前には黒姫山の周辺をナウマンゾウが闊歩し、その噴火を眺めていたのです。

さらに近くの中野市や山ノ内町に所在する高社山《たかやしろやま》（一三五二メートル）は「高井富士」と呼ばれている火山です。戸隠山に続く高妻山《たかつまやま》（二三五三メートル）は火山ではありませんが「戸隠富士」と呼ばれています。

八ヶ岳火山群の最北端に位置する蓼科山《たてしなやま》（二五三〇メートル）は円錐形の美しい山容から「諏訪富士」と呼ばれ、また「女《め》の神山」とも称せられます。頂上からの展望は三六〇度広がり、北・中央・南と日本アルプスが一望できます。火山群の中の横岳は活火山です。

松本盆地北の安曇野にある有明山《ありあけやま》（二二六八メートル）は「信濃富士」「安曇富士」「有明富士」などと呼ばれて人気のある山です。古来から信仰の対象の神の山でもあり、地元の人々によって山頂に鎮座する有明山神社奥社への参拝が行われています。美しく険しい山なので昔は修験道の修行の場でもありました。北アルプスの南東端に突き出た山で、比較的目立ち、火山でも独立峰でもありませんが、東側からはきれいな山として眺められます。安曇野の民謡『正調・安曇節』でも歌い継がれている山です。

安曇野には山名に「富士」が付いた富士尾山（一二九六メートル）もあります。

松本市と東筑摩郡筑北村の境界に所在する虚空蔵山《こくぞうさん》（一一三九メートル）は、山頂直下の岩谷神社に諏訪明神の本地仏である虚空蔵菩薩が祀られています。山麓には古い神社や寺院が狭い範囲に密集し、古代から中世にかけて山岳信仰から仏教や修験道の場であり、神仏習合の時代の面影が残っている山です。南側の松本市方面からは富士山に似ていることから、旧街道の会田宿の富士の意で「会田富士」と呼ばれています。

天竜川に沿う伊那谷の駒ケ根市と伊那市にまたがるのが戸倉山（一六八一メートル）で「伊那富士」とか「高遠富士」と呼ばれています。下伊那郡阿智村には神坂山（一六八四メートル）があり「富士見台」と呼ばれていますが、南アルプスが壁になり駿河の富士山は見えないはずです。木曽谷の上松町と王滝村の境には卒塔婆山（一五四一メートル）があり「木曾富士」と称せられています。

南アルプスの仙丈ヶ岳（三〇三三メートル）は、日本第二の高峰・北岳の南方に位置し、信州側（天竜川沿いの伊那市などから）からは広大な広がりを持つ、ゆったりとした姿が見られます。南アルプスの山ですからもちろん火山ではありませんが「馬富士」と呼ばれています。この山は「おらが富士」の中で、ただ一つ三〇〇〇メートルを超えていて、最高峰です。西側の伊那谷の人々に愛されている山です。

佐久市には寄石山（一三三五メートル）の「香坂富士」、平尾山（一一五六メートル）の「平尾富士」があります。上田市には富士嶽山（一〇三四メートル）の「奈良尾富士」あるいは「大富士」、さらにはずばり富士山（一〇二九メートル）があり「鹿教湯《かけゆ》富士」と呼んでいます。上田市の隣の東御市には大富士山（一五〇四メートル）があり、「大富士山」とそのまま呼ばれています。上田市や東御市になぜこのように、そのものずばりの「富士山」が集中しているのか興味がありますが、現在のところその理由は不明です。しかもこれらの地域からは富士山は見えませんが浅間山が望めます。

長野市の富士ノ塔山（九九二メートル）もそのまま「富士の塔山」と呼ばれています。

長野県の「おらが富士」は一八座で、そのうち富士山は一座です。

信州に接する新潟県側にも、富士山は並びます。糸魚川市にある黒姫山（一二二一メートル）は活火山ではありませんが「越後富士」と呼ばれます。また歌で知られる柏崎市の米山（九九三メートル）もまた同じく「越後富士」です。ともに独立峰で比較的すっきりした山体からの命名と推測できます。糸魚川市には小富士山（二四二メートル）もあり、「小富士山」と呼ばれています。

佐渡島の宇賀神山《うがじんさん》（一〇七メートル）は糠塚山とも呼ばれ、「両尾《もろお》富士」あるいは「小佐渡富士」と呼ばれています。両尾と言う集落のシンボルのように見えるドーム状の山で、「宇賀塚」とも呼ばれた時代がありました。頂上には宇賀神社があり、両津湾の眺望が開けています。佐渡島にも富士山があるのです。

弥彦山《やひこやま》（六三四メートル）は越後一の宮の弥彦神社の背景となっている山で、神社とともに「おやひこさん」と呼ばれ、人々に親しまれてきました。神剣峰とも呼ばれ、「三足富士」とも称せられています。

新潟市では松岳山・松ケ山（一七四メートル）を「岩室富士」、南魚沼市では飯士山（一一一二メートル）の「上田富士」、村上市の鷲ヶ巣山（一〇九三メートル）は「越ノ富士」または「越後富士」と呼ばれています。

湯沢町に属し、上越国境の谷川連峰の万太郎山（一九五四メートル）または砂越の頭も「越後富士」です。越後富士は合計四座あります。

新潟県の「おらが富士」は一〇座で、富士山と呼ばれる山はありません。秋田県、山形県と日本海側では「おらが富士」はそれぞれ二座ずつしかありませんでしたが、新潟県ではその数は一気に増えました。

富士山の膝元、山梨県にはさすがに、「ほかの富士」は見当たりません。県西部の身延町と早川町には「富士見山」（一六四〇メートル）があります。文字通り、天子山地越えに富士山を見る展望台でしょう。

甲府盆地の北にある御岳昇仙峡の奥にそびえている黒富士《くろふじ》（一六三三メートル）は「黒富士」または「夕もや富士」と呼ばれています。北側の黒富士峠からこの山を見ると三角錐の山が黒っぽく見え、その背後には富士山が見えます。北から南を見るわけですから山が黒っぽく見えるのは当然かもしれず、黒富士峠から見ることも重ねて「黒富士」と呼ぶようになったのです。また夕暮れに見るとそのシルエットが背後に見える富士山によく似ているから「夕もや富士」となりました。富士山に花を添える山と言えるでしょう。

山梨県の「おらが富士」は二座です。

2　静岡県の「おらが富士」

富士山の南半分が鎮座している静岡県には、山梨県よりはるかに多くの「おらが富士」が存在しています。まず注目されるのが、火山が並ぶ伊豆半島です。伊豆半島の南端には溶岩の貫入によって全山が一枚岩の一岩山《いちがんさん》（一九一メートル）があり、「下田富士」、「本郷富士」などと呼ばれています。伊豆東部火山群は活火山です。その中の溶岩ドームの大室山《おおむろやま》（五八〇メートル）は「伊豆富士」、小室山《こむろやま》（三二一メートル）は「川奈富士」あるいは「小室富士」とも呼ばれています。

南伊豆町には三坂富士（二八〇メートル）と富士そのものの名称の山と、恒々山《つねづねやま》（二九七メートル）の「長津呂富士」があります。

静岡市には真富士山（一四〇二メートル）とまさに富士山そのものの山、同じように富士見岳（一〇七六メートル）があり、さらに高山（四五〇メートル）は「丸子富士」と呼ばれています。南アルプスの南端の川根本町には黒法師岳《くろほうしだけ》（二〇六七メートル）があり「千頭富士」とも呼ばれます。南アルプスは森林の多い深山の山稜ですが、北側には静岡市葵区の地域があり、三〇〇〇メートルを超える山が一〇座も並んでいます。南端とは言え「千頭富士」はアプローチに時間のかかる山で、寸又峡温泉がその出発点の一つです。標高二〇〇〇メートルを超える山としては、日本列島では最南端に位置する千頭富士です。朝日岳（一八二七メートル）は「川根富士」と称されています。

静岡県の小山町と山梨県の富士吉田市にまたがって「小富士（一九七九メートル）があります。富士山登山口の須走新五合目の北一キロメートルの所の小さなピークです。なぜここが「小富士」と命名されたかは分かりませんが、山頂から見れば小富士であることは間違いありません。この小富士以外は、静岡県の富士山でも、富士山本体からは離れており、どちらかと言えば富士山を見る場所、見える場所、拝める場所に、富士に関する地名が付けられたのではないかと想像しています。

伊豆半島の付け根の温泉の街熱海の岩戸山（七三四メートル）は「湯河原富士」と呼ばれています。JR熱海駅の北側に位置し、湯河原町は熱海市の北東に接する神奈川県の温泉の街で、「湯河原富士」は行政区でも湯河原町には入りません。私にとっては準地元なので、熱海や湯河原の温泉に行ったときには、できるだけ湯河原富士を聞くのですが、少なくとも旅館の関係者で「湯河原富士」を知っている人には、まだ会うことができていません。山頂からの伊豆半島、伊豆大島、初島など相模湾の眺望は素晴らしいです。

静岡県には「おらが富士」が意外に多いと言うのが私の実感で一二座、本家の富士山を加えて「ふるさと富士」は一三座です。

3　尾張・美濃にも「おらが富士」

愛知県には活火山はもちろん、火山は存在していません。しかし、「おらが富士」は一一座あります。ただし富士山と呼ばれる山は一座だけです。

犬山市の南部、入鹿池、明治村などの西側に位置するのが尾張《おわり》富士（二七五メートル）で、飛騨木曽川国定公園に属し、尾張三山の一つの山で「尾張富士」として知られています。尾張三山は尾張富士、白山、本宮山です。尾張富士の山頂には富士山本宮浅間神社の奥宮があり、毎年八月第一日曜日に開催される「尾張富士の石あげ祭り」は奇祭として、地元の人々に親しまれています。この祭りは、木曽川の石を尾張富士の頂上にあげることによって、家内安全、五穀豊穣などの願いが叶うとされ、祭りの日には家族総出で、石を運びあげるのです。犬山市には尾張富士の南に並ぶ本宮山（二九三メートル）の「尾張大富士」も所在しています。

「三河富士」と呼ばれる山は五つあります。愛知県新城市・岡崎市・豊川市にまたがる本宮山（七八九メートル）、豊川市に属する宮路山（三六一メートル）、岡崎市には三河富士（三一四メートル）と村積山《むらつみやま》（二五七メートル）、一部が新城市に入る明神山（一〇一六メートル）です。さらに蒲郡市の砥神《とがみ》山《やま》（二五二メートル）は「三谷富士」あるいは「三河富士」と呼ばれています。何故この地域にこれだけ三河富士が集中したのでしょうか。もちろん「三河地方に在って、山の形が富士山に似ている」が基本でしょうが、ほぼ里山的な山を、富士山に見立てて手を合せたのが、その始まりではないでしょうか。

知多半島の先端には　富士ヶ峰または富士ヶ山（一二五メートル）があり、長久手市の御旗山（八六メートル）は「富士ヶ根」と呼称されています。

岡崎平野に広がる西尾市には、ずばり「富士山（三一メートル）」が鎮座しています。おそらく秋田市の富士山（三五メートル）よりも低く、日本で一番低い富士山ではないでしょうか。

岐阜県には長野県との県境に乗鞍岳、御嶽山と活火山が並び、石川県との間には白山（加賀富士）が位置していますが、県内には活火山はありません。

岐阜県には一六座の「おらが富士」があり、富士山はそのうちのただ一座です。

岐阜県加茂郡川辺町の愛宕山《あたごやま》（二六一メートル）は美しい稜線を描き、川辺町のシンボルとして

「米田富士」と呼ばれています。一六世紀には山頂に米田城が築城されており、その城跡が残っています。山頂には愛宕神社が建ち、展望が開けており、伊吹山地も見渡せ、眼下の川辺ダムの湖面に映る逆さ富士も美しいです。

岐阜市内にある船伏山《ふなぶせやま》（二〇八メートル）は丘陵で船を伏せたような形をしていることから、この名が付きました。南北側からは台地状に見えますが、東西方向から見ると円錐形の山容になり、「長良富士」と呼ばれています。

各務原市には権現山（二〇八メートル）、伊木山（一七三メートル）の二つの山にともに「夕暮富士」の異名が付いています。地元の人にとってはとにかく山に手を合わせる習慣から、このように二つの山を同じ名前で呼んでいたのではないでしょうか。

高山市と長野県松本市の県境に位置し、乗鞍岳を構成する二三の山々の一つが富士見岳（二八一七メートル）で、南アルプスの北岳と仙丈岳の間に富士山が見える山で、その名の通り「富士見台」です。北アルプス穂高連峰の西側に位置するのが蒲田富士（二七四二メートル）で、蒲田川の源流付近なので「蒲田富士」と呼ばれています。船山（一四八〇メートル）は「飛騨富士」と呼ばれ、市内には三つの「おらが富士」が存在しています。

下呂市にも二つの「おらが富士」が位置しています。中根山（七六七メートル）の「下呂富士」、野尻富士（九一三メートル）はそのまま「野尻富士」と称されています。美濃加茂市の富士山（三五七メートル）は「山之上富士」です。

可児郡御嵩町の高尾峯（二九二メートル）は「御嵩富士」、賀茂郡白川町の寒陽《かんよう》気《き》山《やま》（一一〇八メートル）は「柿坂富士」と呼ばれています。そのほか岐阜県には次のような「おらが富士」が存在しています。揖斐川町の「徳山富士」（九二五メートル）、大垣市の「美濃富士」（八六五メートル）、土岐市の「妻木富士」（四六六メートル）、多治見市の「笠原富士」（四一七メートル）などです。

4　北陸に並ぶ「おらが富士」

富山県は日本海に面し立山連峰が並び、美しく厳しい山岳風景を呈していますが、火山は少ないです。立山連峰の富士の折立（二九九九メートル）は火山ではなく、連峰内の一つのピークに過ぎません。長野県で紹介した仙丈ヶ岳同様、三〇〇〇メートル級の山ですが、そのまま「富士の折立」で富山県の「おらが富士」です。ただし、本書で紹介した山の中では最も険しい山容です。

南砺市の五箇山の合掌集落の近くに位置する尾洞山《おどうやま》（九三四メートル）は、この近辺では珍しい独立峰で、神が鎮座する「神奈備山」が正式な山名とされています。地元の名を採って「利賀富士」と呼ばれ、飛騨街道に面していることから古くから地元の人や旅人に親しまれてきた山です。五箇山には平家の落人伝説や南北朝時代の南朝の遺臣伝説などが残されています。合掌造り集落は南側の岐阜県白川郷とともに世界文化遺産に登録されています。

南砺市西側には袴腰山（一一五九メートル）があり、「砺波富士」と呼ばれています。富山県と石川県の間に位置するのが大門山《だいもんざん》（一五七二メートル）で、金沢市内の浅野川流域から見る姿が富士山に似て美しく見えるので「加賀富士」と呼ばれています。

富山湾に面し新潟県との県境近くにあるのが南保富士（七二七メートル）で、そのまま「南保富士」と呼ばれ、山頂は北アルプスの展望台で、立山連峰の岩稜や富山湾の眺望が楽しめます。

富山県の「おらが富士」は石川県との境界の山を含めても五座です。

「加賀富士」の代表はやはり石川県の白山（二七〇二メートル）です。石川、富山、岐阜、福井の四県に所在し、両白山地の中央に位置し白山国立公園に指定されている北陸地方を代表する活火山です。「駿河の富士山、越中の立山、加賀の白山」と日本三大霊山と称されている山です。成層火山の頂上に溶岩ドームが並び全体としては大きな火山体が形成されています。最高峰は御前峰でその北側の剣ヶ峰（二六七七メートル）の山頂周辺には翠が池など七つの火口湖が点在しています。

一六世紀には火山活動は活発で小規模な火砕流や火山泥流が発生したり、大量の岩塊の噴出があり、社堂が破壊されました。翠が池の南側にある鍛冶屋地獄火口は一六五九年の噴火で出現しました。現在も山麓に噴気地帯はありますが、一七世紀以後は噴火活動はありません。しかし、ときどき群発地震が発生し火山活動は続いています。気象庁は観測機器を設置し監視を続けている山です。白山信仰は富士山と同じく山そのものが御神体で、「命の水」を与えてくれる山の神であり、日本海を航行する航海の指標となり海の神も鎮座している聖域です。七一七年、越前の泰澄大師によって開山され、修験道の道場でしたが、明治の神仏分離により、石仏のような仏教的なものはすべて取り除かれ現在の姿になりました。

膨大な山体には多くの草花が咲き乱れるお花畑が広がります。ハクサンイチゲ、ハクサンシャクナゲ、ハクサンオミナエシ、ハクサンフウロ、ハクサントリカブトなど、「ハクサン」の名の付く植物が一八種あります。また御前峰にちなむゴゼンタチバナも白山由来の植物です。

輪島市と志賀町にまたがり裾野を大きく広げた美しい山容の高爪山《たかつめやま》（三四一メートル）は「能登富士」と呼ばれ古来から人々に親しまれてきた山です。おそらく弥生時代ごろから神が宿る神体山として崇められ、山頂には高爪神社の奥宮が建てられています。山麓の人々は農耕の神として、また船の運航、漁業の安全、繁栄などを願い、崇拝続けられている山です。神仏習合の時代には藩主・前田利家により十一面観音像が安置され、高爪山は観音堂として信仰されてきましたが、明治元（一八六八）年の神仏分離令により、寺院を廃し、高爪神社と改称されました。

輪島市には小富士山（四二五メートル）もあり、そのまま「小富士山」です。能登町と穴水町にかかる二子山（一八一メートル）は「能登の小富士」と、微妙な違いで呼ばれています。

加賀市の西、福井県との県境付近に位置する富士写ヶ岳（九四二メートル）は、「江沼富士」で、富士山こそ写真に撮ることはできませんが、多くの花が見られることで、登山者には人気があるようです。

石川県の「おらが富士」も五座です。

石川県との県境に位置する白山を除き、福井県には火山はありません。福井県大野市の九頭竜川流域の九頭竜湖近くに位置する荒島岳（一五二四メートル）は福井県の名峰で、山頂には荒島神社があり、古くから信仰の山として崇められてきました。「大野富士」と呼ばれ四季折々の登山が楽しめる山として人々に親しまれています。

福井市の南にある文殊山《もんじゅさん》（三六六メートル）は七一七（養老元）年に泰澄大師によって開かれた霊山で、大師自らが彫った文殊菩薩が祀られています。山上には小文殊、大文殊、奥之院と呼ばれる三つの峯があります。西麓の角原《すのはら》から眺めた山容が富士山に似ていることから「角原富士」と呼ばれています。

福井市の城山（二一四メートル）は「安居ノ小富士」です。

越前市には二つの「おらが富士」があります。一つは日野山（七九五メートル）で「越前富士」と呼ばれ、もう一つは行司岳（八一二メートル）で「野岡富士」と呼ばれています。

敦賀市の南にそびえる野坂岳（九一四メートル）は、東西に岩篭山、西方ヶ岳を従えた「敦賀三山」の主峰で、古くから信仰の山、修行の場として人々に崇められてきました。山頂からは敦賀湾が一望でき、「敦賀富士」「野坂富士」と呼ばれています。敦賀市には三足富士（二九〇メートル）もあり、そのまま「三足富士」と呼ばれています。

高浜町と京都府舞鶴市の境界にある青葉山《あおばやま》・音羽山（六九三メートル）は「若狭富士」あるいは「丹波富士」と呼ばれています。おそらく福井県の人は「若狭富士」、京都府の人は「丹波富士」と呼んでいるのでしょう。

美浜町の寺山（四一八メートル）は「黒富士」と呼ばれています。同じく梅丈岳（四〇〇メートル）は「三方富士」です。

福井県の「おらが富士」は一〇座です。

コラム８　火山帯フロント

一九六〇年代にプレートテクトニクスが提唱され、大陸が地球表面を移動することが分ってきました。プレートは海嶺で地球表面に湧きだし、海底を形成しながら移動していき、他のプレートと衝突すると、そこで地下に沈んでゆき、その過程で海溝やトラフが形成されることが明らかになりました。そしてプレートの湧き出し口や沈み込み口に沿って火山が並んでいます。

日本付近ではユーラシア大陸を乗せている巨大なユーラシアプレートと北アメリカ大陸を乗せている北アメリカプレートに、東から太平洋プレートが、南からフィリピン海プレートが北上してきて、衝突しています。

その衝突によって日本の太平洋側には、北海道沖から東北日本沖、さらに伊豆諸島から小笠原諸島の東側に沿うように千島海溝、日本海溝、伊豆・小笠原海溝が形成されています。

伊豆・小笠原海溝の西側では太平洋プレートがフィリピン海プレートの下に沈み込んでいるのです。その海溝に沿うように北海道から本州北側を経て中央部にかけて火山が分布し、さらに南に延びて伊豆諸島、小笠原諸島などの火山列が形成されています。この火山列を「東日本火山帯フロント」と呼びます。

フィリピン海プレートは西日本太平洋側に、南海トラフを形成し、九州や南西諸島の東側では南西諸島海溝を形成しております。三瓶山や山口県の阿武火山群などを北端として、雲仙岳、阿蘇山、霧島山、桜島、開聞岳、諏訪之瀬島などの火山が並ぶ「西日本火山帯フロント」と呼ばれています。日本列島の火山は必ずどちらかの火山帯フロントに属しています（写真4参照）。

第8章　火山のない近畿にも「おらが富士」

近畿地方には火山は存在しません。標高二〇〇〇メートルを越す高い山もありません。しかし、それでも六二座の「おらが富士」があります。ただし山名が「富士山」の山は見当たりません。

1　琵琶湖周辺の富士山

日本一広い琵琶湖の周辺、滋賀県にも六座の「おらが富士」が並びます。

湖南に広がる野洲平野に円錐形に近い優美な姿を見せているのが三上山《みかみやま》（四三二メートル）で、古代より神が宿る山「神奈備山」として崇められ、敬われ「近江富士」と呼ばれてきました。紫式部が「打ち出でて　三上の山を　詠れば　雪こそなけれ　富士のあけぼの」と和歌に詠んだことが、その源との説もあります。

麓の御上神社も「ミカミ神社」で、山頂にはその奥宮が造営されており、山全体が御神体です。山頂付近には磐座《いわくら》もあり、琵琶湖から比良山地まで一望でき、雄大な景色が堪能できます。三上山は「俵藤太のムカデ退治」伝説の舞台でもあります。

野洲市と湖南市にまたがる菩提寺山《ぼだいじさん》（三五三メートル）一帯は奈良時代からほぼ八〇〇年間にわたり繁栄した少菩提寺の伽藍が並んでいた関係で、この山は菩提寺山とか寺山と呼ばれていました。

山頂には妙見堂が祀られ北極星を崇める場所だったことから星ケ嶽と称され、江戸時代にはそれに雨乞い祈願の龍王神社が祀られ、山も龍王山《りゅうおうざん》とも呼ばれるようになりました。山容が富士山に似ていることから、近江富士に対し「甲西富士」と呼ばれています。

長浜市には墓谷山《はかたにやま》（七三八メートル）は「杉野富士」、七七頭《ななず》が岳《たけ》（六九三メートル）は「丹生富士」と呼ばれ、二つの「富士」が存在しています。近江八幡市の奥津山（三三三メートル）は「元富士」と称します。

滋賀県大津市と京都市に所在し、県境を南北に連なるのが比叡山（八四八メートル）で「都富士」とも称せられます。最高点は一等三角点が置かれている大比叡とそのやや西の四明岳（八三八メートル）の双耳峰の総称です。京都市内からは北東方向に見え、一つの道標になっている山です。したがって京都の人々にとっての呼び名は「お山」「日枝山《ひえのやま》」、「叡山」、「北嶺《ほくれい》」、「天台山」などもあります。

比叡山全域を境内としているのが天台宗の総本山・延暦寺で、最澄が七八八年に山中に一条止観院を建てたのがその始まりとされています。空海の高野山金剛峯寺と並んで平安時代の仏教の中心地です。都の鬼門に当たる北東に位置するので「王城鎮護の山」でもあります。

延暦寺は山内に東塔、西塔、横川の三塔と十六谷の総称で、大自然の中に悠久の歴史が現在も維持されています。古都の名山と言えます。

2　京・大阪の「おらが富士」

京都府には「丹波富士」が三座あります。京丹波町のといし山（五三六メートル）、綾部市と舞鶴市にまたがり所在する弥仙山（六六四メートル）、亀岡市の牛松山（六三六メートル）の三山です。京丹波町の和知富士（六七五メートル）は、そのまま「和知富士」です。

舞鶴市にある建部山《たてべさん》（三一六メートル）は三角形の頂上が平坦で小さな山ながら山容が富士山に似ていることから「丹後富士」や「田辺富士」の愛称がついています。春には山全体を覆うようにタムシバが生え、花の季節の春には山が白っぽく見えるほどで、舞鶴では人々に親しまれている名峰です。山頂には日露戦争以来、第二次世界大戦中まで砲台が設置されていました。

舞鶴市と宮津市にまたがる由良ケ岳（六四〇メートル）も「丹後富士」です。

南丹市の平屋富士《ひらやふじ》（五七〇メートル）は西側の由良川から眺めると富士山らしい稜線が見られ、「平屋富士」と呼ばれ、人々に親しまれています。麓の北地域は国の「重要伝統的建造物保存地区」に選定されています。

福知山市と兵庫県朝来市の県境に位置するのが小倉富士《おぐらふじ》（四九五メートル）で、その姿が自然と調和していることから「小倉富士」と呼ばれるようになったようです。山頂部には北峰と南峰のやや丸みを帯びた二つのピークがあり「ケツ山」とも呼ばれています。

京丹後市と兵庫県豊岡市との境界に位置する高竜寺ヶ岳（六九七メートル）は「熊野富士」と呼ばれています。

京都府の「おらが富士」は九座です。

大阪府には「おらが富士」は二つしかありません。

河内長野市の旗尾岳（五四八メートル）は「天見富士」、泉佐野市の、その名がずばりの小富士山《こふじさん》（二六〇メートル）は「小富士山」あるいは「泉州小富士山」と呼ばれています。泉佐野市の背後には金剛生駒紀泉国定公園にもその一部が含まれる和泉山脈がはしり、美しい自然環境があり、その中に均斉のとれた円錐形の山容の小富士山が位置しています。市民にとっては憩いの山となっています。南東側に位置する犬鳴山は富士山とは無関係ですが、付近一帯の峰々と渓谷の総称で、寺院や修験道の施設をも含んでいます。犬鳴山の修験道は役行者が七世紀に大和より早く開山したと伝えられていいます。

3　兵庫県の「おらが富士」

姫路市にも「播磨小富士」があり、麻生山《あそうさん》（一七三メートル）ですが、さらに「小富士山《こふじさん》」とも呼ばれます。ドーム状の山容の山が並ぶ中で、均整がとれ頂上がやや平らになっていることから播磨小富士の名が付いたようです。古くから信仰の山であり、修験道の修行の場でもありました。山頂には華厳寺があり、周辺には古い石仏が並んでいます。

篠山市の高城山《たかしろやま》（四六二メートル）は「丹波富士」あるいは「朝路山」とも呼ばれ、室町時代から戦国時代には城が築かれており、現在でもその遺構が数多く残されていて、国の史跡に指定されています。白髪岳（七二二メートル）も「丹波富士」で、市内には二つ目です。

飛曾山（六六三メートル）は「辻富士」と呼ばれています。

「丹波富士」はさらに二つ存在します。大箕山（六二六メートル）と三尾山（五八六メートル）で、ともに丹波市に所在しています。結局、兵庫県の丹波富士は四座あり、京都の丹波富士を合わせると合計七座の丹波富士が存在しています。地元の人々にとっては親しみやすい山名なのでしょう。丹波市の小富士山（二三一メートル）は「小富士山」のほか「丹波ノ富士」とも呼ばれています。

淡路島の洲本市には先山・千光寺山（四四八メートル）があり「淡路富士」と呼ばれています。

加古川市と高砂市にまたがる高御位山（三〇〇メートル）は「播磨富士」と呼ばれています。姫路市の明神山（六八八メートル）も「播磨富士」、さらに神崎郡と多可郡の境の笠形山《かさがたやま》（九三九メートル）は、その形が京都の女性の菅笠に似ていることから笠形山、さらにその山容が富士山に似ていることから「播磨富士」あるいは「播州富士」と呼ばれています。

神戸市にはこんな山もあります。雌岡山（二四九メートル）と雄岡山（二四一メートル）はともに「播磨小富士」あるいは「神出富士」です。加東市の三草山（四二四メートル）も「播磨小富士」です。「播磨小富士」だけで兵庫県には四座あることになります

豊岡市にも二つの「おらが富士」があります。三開山（二〇二メートル）は「但馬富士」、鶴ヶ峰（四一六メートル）は「三方富士」とそれぞれ呼ばれています。

多可町の妙見山《みょうけんさん》（六九三メートル）は独立峰のように目立ち「妙見富士」と呼ばれています。頂上からは日本の原風景とも言われる田園風景や点在する集落、さらには寺社の杜、そこを流れる川など、のどかな風景が楽しめます。

そのほか各地方の名前を付けた富士が並びます。宍粟市の笛石山《ふえいしやま》（八九五メートル）は「千種《ちくさ》富

士」、養父市の街の中心にありどこからでも見えるので、人々に親しまれている大屋富士（五九八メートル）はそのまま「大屋富士」、加東市の秋津富士（三三〇メートル）もそのまま「秋津富士」、三田市の有馬富士あるいは角山《つのやま》（三七四メートル）もそのまま「有馬富士」ですが、尖った山容に特徴があり、麓の福島大池に映る逆さ富士は、多くの人を魅了してきました。小野市の惣山《そうざん》（一九九メートル）は「小野富士」、相生市の下タ山（一九六メートル）は「後明富士」などです。

兵庫県には標高は数百メートルと低い山ですが「富士」と名の付く山が多いです。人々の山への憧れの為でしょうか。そんな中で養父市の須留ヶ峰（一〇五四メートル）だけは標高が一〇〇〇メートルを超え「建屋富士」と呼ばれています。

兵庫県の「おらが富士」は、二五座あり、全都道府県で二番目に多いです。駿河の富士山からは遠く離れていて、見ることはできないので、話に聞いて憧れた結果でしょうか。

4　三重県の「おらが富士」

三重県にも一二座の「おらが富士」が並びます。

堀坂山《ほっさかさん》（七五七メートル）は松阪市の西の高見山地の東端に位置し、山頂には富士権現が祀られ、富士信仰の山であり、「伊勢富士」「松阪富士」などと呼ばれています。山名は山を掘って水銀を産出したことがあったことから名づけられました。

山頂は伊勢湾や伊勢平野の眺望に優れています。

堀坂山は「太陽の道」と言われる北緯三四度三二分上に位置し、そのライン上には伊勢斎宮跡、三輪山、箸墓古墳など聖地や古代遺跡が並んでいます。

松阪市には高林山（七八八メートル）もあり「香肌富士」「川俣富士」などと呼ばれています。

南伊勢町の五カ所浅間山《ごかしょせんげんさん》（一七八メートル）はこの地方特有のリアス式海岸を見下ろすように海岸からそびえ立ち、山頂からの五ヶ所湾の眺めが素晴らしいです。古くから浅間信仰、つまり富士山信仰が受け継がれ、山頂には鳥居が建立されており、碑石が立っています。そんな関係から「五カ所富士」あるいは「小富士山《こふじさん》」と呼ばれています。

「小富士山」は鳥羽市の不二ヶ峰・浅間山（一一〇メートル）も、そのように呼ばれています。鳥羽市には灯明山（一七一メートル）の「鳥羽富士」もあります。

南牟婁郡紀宝町には大烏帽子山（三六二メートル）の「神内富士」、尾子山（三〇三メートル）の「鮒田富士」が並びます。

伊賀市と津市にまたがる尼ケ岳《あまがたけ》（九五七メートル）は室生赤目青山国定公園に属し、伊賀地方の最高峰です。山頂付近の形が富士山に似ていることから「伊賀富士」と呼ばれていますが、古い文献には大山岳や首岳と言う名も散見されています。現在の山体は侵食によって形成されました。

伊賀市には雨宮山（三五〇メートル）もあり「伊賀小富士」と呼ばれています。

亀山市の関富士《せきふじ》（二四〇メートル）は東海道五十三次の四七番目の宿場町として栄えた関にあり、紅葉が特にきれいな山として知られています。「関富士」と呼ばれていますが、長い間街道を行き交う人々を見守ってきた山です。関宿の街並みはよく保存されているので、国の重要建造物保存地区に選定されています。

5　大和の「おらが富士」

津市と奈良県宇陀郡曽爾村に所在する倶留尊山《くるそやま》・久留尊山（一〇三八メートル）も、「伊賀富士」と呼ばれています。二つ目の「伊賀富士」です。およそ一五〇〇万年前に活動した室生火山群の最高峰で山頂付近は溶岩ドームで、その火山岩が侵食を受けて三重県側の東斜面には南北に並ぶ柱状節理の岩壁が形成されています。

逆に奈良県側の南西斜面や北西斜面はゆるやかなスロープで、曽爾高原や池の平高原となっています。倶留尊山の西三〜四キロメートルに位置する曽爾村三山（鎧岳、兜岳（九二〇メートル）、屏風岩）は、倶留尊山と同じように柱状節理が発達していて、国の天然記念物になっています。鎧岳（八九四メートル）は円錐形の尖った山容でまさに「曽爾富士」と呼んでもよいほどで、曽爾村のシンボルになっています。でもふるさと富士には含まれていません。倶留尊山は「ふるさと富士名鑑」では三重県にリストアップされていますので、三重県の「おらが富士」の一二座に含めてあります。したがって奈良県の「おらが富士」は以下の三座です。

曽爾高原はススキの名所です。秋の銀穂の季節ばかりでなく、春の芽吹きの季節もさわやかです。この地域には塗部造《ぬるべのみやつこ》という漆職人が住んでいたと『日本書紀』にもあり、現在でも「ぬるべの郷」と呼ばれています。

奈良市と宇陀市の境界に所在する額井岳《ぬかいだけ》（八一二メートル）は、宇陀市の大宇陀嬉河原からは、両脇にピークを従えて、「山」の字の手本のような、きれいな形をしていて、地域のシンボル的な存在で「大和富士」は極めてふさわしい呼称です。

奈良市の都介野岳《つげのだけ》（二九二メートル）は「都介野富士」、桜井市の外鎌山（二九二メートル）は「朝倉富士」とそれぞれ呼ばれています。

コラム9　柱状節理

写真26　柱状節理の玄武洞

本書の中に火山用語の「柱状節理」がたびたび出てきますので、説明しておきます。地下でマグマが冷却され固結するときに柱状の割れ目が形成されます。多くは岩脈や岩床、噴火した後は溶岩などに見られます。柱は六角形が多く、地上に現れると多くの場合、岩石の柱が林立した形になります。

本書でも紹介したように、現在は火山ではなくても、昔の火山活動によって形成された柱状節理は北アルプスを含め、至る所で見られます。よく知られているのは兵庫県の玄武洞、福井県の東尋坊などで、奇勝な観光地になっています。

その形から、材木石とも呼ばれ、門柱などにも利用されています。（写真26）

6　和歌山県の「おらが富士」

田辺市の北東には世界文化遺産熊野古道が通る一〇〇〇メートル級の山々が連なりますが、その前衛峰が百前森山《ひゃくぜんもりやま》（七八三メートル）です。この地域は合併前は三里村でしたので「三里富士」と呼ばれ、地元の人々に親しまれています。

紀の川市の龍門山《りゅうもんざん》・勝神山（七五六メートル）は紀ノ川沿いの名峰の一つで、連なる山々を含め富士山のように見えることから「紀州富士」と呼ばれています。山頂からは眼下の紀北平野、和泉山脈、遠方には淡路島も一望できます。キイシモツケと言う花の群生地があり、和歌山県の天然記念物に指定されています。また絶滅が心配されているギフチョウの生息地でもあります。

日高郡印南町と日高川町にまたがる真妻山《まつまやま》（五二三メートル）は日高川河口付近から見ると左右対称の美しい姿に見え、「日高富士」と呼ぶにふさわしい山容を示しています。山頂からの眺めは三六〇度のパノラマで、紀伊半島の山々はもちろん、遠く四国の山々も見える絶景を楽しむことができます。山頂には十一面観音像を祀った小さな祠が建てられています。

日高川町の飯盛山（五三八メートル）は「中津富士」、新宮市の富士根山（四七二メートル）は「富士根山」とそれぞれ呼ばれています。

和歌山県の「おらが富士」は五座です。

第9章　中国・四国の「おらが富士」

東から中国地方に入ると日本海側に活火山が現れます。島根県の三瓶山（第3章9節参照）や山口県の阿武火山群です。瀬戸内沿岸から四国にかけては、活火山は存在しませんが、「おらが富士」は多いです。駿河の富士山から遠く離れた地だから、これだけあるのかなとは思いますが、明確な理由は分かりません。標高二〇〇〇メートル以上の高い山はなく、ほとんどが標高一〇〇〇メートル以下の山です。

1　「おらが富士」が二七座もある岡山県

兵庫県との県境の美作市にある日名倉山《ひなくらさん》（一〇四七メートル）は氷ノ仙国定公園に属し、大きな山の美しい稜線が南北に連なっている中で、標高が一〇〇〇メートルを超える抜きんでた山です。岡山県側からは山麓が広くなだらかに広がり、美しい山容が見られ、富士山に似ていることから「美作富士」と呼ばれています。

和気町の金剛川の北側にある城山《しろやま》（一七三メートル）は左右均整のとれた美しい山で「和気富士」と呼ばれています。山麓から山頂まで松や雑木に覆われ、春のツツジ、秋の紅葉と四季折々の自然を楽しめる里山です。

玉野市の常山《つねやま》（三〇七メートル）は古くから「児島富士」あるいは「備前富士」として、人々に親しまれてきました。山頂には常山城跡があり、城主・上野氏が一五七五年、毛利氏、宇喜多氏らに翻弄された「常山合戦」の古戦場です。頂上から山麓周辺まで、四季を通じて色彩豊かな景観が楽しめる「おらが富士」です。同じく玉野市と岡山市に所在する怒塚山《いかづかやま》（三三二メートル）は「岡南富士」と呼ばれています。

岡山市の芥子山《けしごやま》（二三三メートル）は円錐状の山容から、古くから「備前富士」として親しまれてきました。二つ目の「備前富士」です。その端正な姿は特別名勝・日本三名園の一つ岡山の後楽園の借景とされてきました。頂上からの展望は素晴らしく、児島半島の山々や四国の山々も望見することができます。

岡山市の赤磐富士（一六九メートル）は「おらが富士」も同じ名前で「赤磐富士」です。

高梁川の上流に中国山地を背に新見市を見下ろすように鎮座しているのが小川山（五〇四メートル）です。地元の人々は小川山の朝日に染まる美しさを鶴が舞い降りたと形容したと言われますが、仰ぎ見る姿は美しく「新見富士」と呼ばれる所以でしょう。

新見市は岡山県西北部に位置していますが、鍋を伏せたような形の荒戸山（七六二メートル）があります。その形から鍋山とも呼ばれますが、二〇〇万年以上前に噴火した時に噴出した溶岩ドームで、その美しい姿から「阿哲富士」とも称されています。頂上付近には玄武岩の見事な柱状節理が見られます。南山麓に建つ荒戸神社は室町時代の様式が残っています。

新見市の北、鳥取県との県境には剣山（九六二メートル）が所在し「花見富士」と呼ばれています。

さらに新見市には竹谷山（六七六メートル）の「釜村富士」、信ヶ鼻（五一〇メートル）の「本郷富士」があります。そのうえ「山名」が本郷富士（四一九メートル）、「おらが富士」も「本郷富士」が存在します。つまり新見市には二つの本郷富士が鎮座しているのです。

津山市には二つの「賀茂富士」が並んでいます。美作国津山藩の城下町であり、出雲街道の宿場町として栄えた津山市加茂町小渕にある祖星ヶ仙《そほしがせん》（八二四メートル）は「賀茂富士」と呼ばれています。津山市加茂町公郷地区には公郷仙（八六二メートル）があり、やはり「賀茂富士」と称されています。市内には二つの富士が一望できる場所もあります。さらに津山市の鳥ヶ仙（七〇一メートル）は「高倉富士」と呼ばれています。津山市内には「おらが富士」が三座所在しています。

岡山県の北部・新庄村のある新庄盆地の北側に、ゆるやかな三角形をした笠杖山《かさつえさん》（九二八メートル）が位置しています。その穏やかで美しい山容から「新庄富士」と呼ばれています。春の芽吹き、秋の紅葉で人々を癒してくれている山です。

岡山県の北部、美作三湯の一つ湯原温泉郷の近くに位置する櫃ヶ山《ひつがせん》（九五四メートル）は頂上がピラミッド型で円錐形の美しい山容で「湯原富士」と呼ばれています。原生林も保護され、温泉浴に加え、森林浴、日光浴も楽しめる山です。

岡山県北東部の鏡野町には三つの「おらが富士」が並びます。そのうち湯岳（一〇五八メートル）と大小豆（七九一メートル）はともに「奥津富士」と呼ばれています。そして天ヶ山は「中谷富士」と称せられています。

高梁市には権現山（六〇〇メートル）の「有漢富士」、美倉山（三一〇メートル）の「高倉富士」があります。津山市の高倉富士とは五〇キロメートル以上離れています。井原市には横手山・舞鶴山（一七九メートル）があり「井原富士」と呼ばれています。倉敷市の鳥ヶ嶽（一六五メートル）は「呉林富士」です。浅口市には安芸守山（一九〇メートル）の山名が地頭富士、さらに鴨方富士（一六一メートル）と二つの「ふるさと富士」は、ともに「地頭富士」、「鴨方富士」です。

兵庫県と合わせると、瀬戸内海に面した二つの県だけで五二座と全ふるさと富士の一三パーセントを占めます。「おらが富士」の数の多さの理由が地形にあるのか、県民性にあるのか、そのほかの理由があるのかは興味深いです。

2　広島の海に浮かぶ富士と陸の富士

瀬戸内海に浮かぶのは広島港の沖合三キロメートルに位置する似島の北端にそびえる安芸小富士《あきこふじ》（二七八メートル）で、北側の広島市内から眺めるとその裾野を広げる三角の形が富士山に似ていることから「安芸小富士」と呼ばれるようになりました。江戸時代には「荷継ぎの港」として「荷の島」と呼ばれたのが、富士山に似た山があるので「似島」となったと言われています。この島には一八九五年から旧陸軍検疫所が置かれていましたが、原子爆弾投下後には、検疫所は病院として機能していた歴史があります。現在は山麓にミカン畑が広がるのどかな島になっています（写真27）。

尾道市の沖合しまなみ海道の通る因島《いんのしま》の北端にある白滝山《しらたきさん》（二二七メートル）は岩山で、修験道の修業の場でした。因島には村上水軍の城跡が残り、当時の歴史を伝えています。白滝山は「因島富士」とも呼ばれ、山頂からは瀬戸内海の多島海の美しい風景が見られ、特に夕日の美しさが評判です。尾道市にある高根山（三二〇メートル）は「安芸ノ片富士」と呼ばれています。

三次市は鎌倉時代の一二二一年、承久の乱に敗れた後鳥羽上皇が、隠岐に配流の途中で宿泊し、「この山」を見て、

知らで見ば　富士とは言わん　備後なる　富士《ふし》の山に　かかる白雲

写真27　広島港付近（北側）から見た安芸小富士

と詠われ、富士山《ふしやま又はとみしやま》と呼ばれるようになったと伝えられている山です。別名は登美志山《とみしやま》（四七一メートル）で、「備後小富士」、「吉舎小富士」などとも称されています。四方を山に囲まれ、江の川、西城川、馬千川が流れる三次盆地は、秋から早春にかけては雲海が現れる季節で、登美志山の展望台は雲の海が見られる名所となっています。

庄原市の飯山《いいやま》（一〇〇九メートル）は一八七六年の大干ばつ時に祈祷が行われた記念碑が山頂に残り、地元の人々に親しまれてきた山で、「八幡富士」の異名があります。

寒曳山《かんびきやま》（八二六メートル）は広島県の北西部、北広島市に位置する山で、裾野の広がりが美しく、大朝地区を代表す

る山で「大朝富士」と呼ばれています。冬季は西日本では珍しいスキーパークが、北東斜面に開設され、スキーヤーやボーダーを楽しませています。

福山市の蛇円山（五四六メートル）は「備後富士」、東広島市の龍王山・丸山（二四〇メートル）は「黒瀬富士」、神石高原町の米見山（六六一メートル）は「豊松富士」とそれぞれ呼ばれています。

広島市には九座の「おらが富士」があり、富士山も一座あります。

3　瀬戸内に並ぶ山口の富士

山口県周南市の四熊ヶ岳《しくまがたけ》（五〇四メートル）はその山容が富士山に似ていることから、昔から「周防小富士」と呼ばれています。富士山と同じように金名水や銀名水と名付けられている名水が湧出しているので、地元の人々にも愛されている山です。

防府平野の北東に位置する矢筈ヶ岳《やはずがたけ》（四六一メートル）は東西に裾野を広げていて、美しい山容ですが見る場所によりその姿が変わります。山頂が矢筈の形をしているのでこのような名前が付いたと言われていますが、「周防富士」、「右田富士」と呼ばれています。

柳井市と岩国市にまたがり、柳井市域の最高峰の氷室岳《ひむろだけ》・嶽山（五六三メートル）は良質の砥石が産出することでも知られ、山体は風化に耐えた固い岩だけが残り、その姿が富士山に似ていることから「周防富士」呼ばれています。空にそそり立つ山容の為、昔から神の山、霊峰として修験者たちの修業の山でした。

周防大島のほぼ中央にそびえる独立峰の嵩山《だけさん》（六一九メートル）は円錐形の美しい山体で、「大島富士」と呼ばれています。瀬戸内海国立公園に属し、山頂からは瀬戸内海の島々や四国の山々も一望できます。

島根県との県境に位置する十種《とくさ》ヶ峰（九八九メートル）は頂上から日本海を一望でき、絶景が楽しめます。山名は伝説に由来し、山口県北部、日本海側の長門では最高峰で「長門富士」と呼ばれています。霊峰として地元の人々の中に融け込み、神話の原点であるとともに、四季折々の自然の変化を感じることのできる山です。

下関市と長門市に位置する一位ヶ岳（六七二メートル）は「豊田富士」、長門市と美祢市に属する花尾山（六六九メートル）は「渋木富士」と称しています。下関市の青山（二八八メートル）は「長門富士」と呼ばれています。下関市にはその他に「吉母富士」、「小串富士」があります。

さらに萩市には「小畑富士」と「高俣富士」、山口市には「大海富士」と「地福富士」、美祢市には「紫福富士」と「三足富士」が位置しています。山口県にも一つの市で複数の「おらが富士」があります。

山口県の「おらが富士」は一七座で、瀬戸内側に数多く分布しています。

4　まだある鳥取・島根の富士山

第3章8節で鳥取の「伯耆富士」、9節で「石見富士」を「郷土の富士」として紹介しましたが、鳥取・島根両県には他にも「おらが富士」があります。

鳥取市に所在する「おらが富士」は小富士山（七六九メートル）と恩原富士（八七八メートル）があ

ります。ともに「山名」と「おらが富士」の名称が同じです。恩原富士は岡山県との県境に位置しています。

倉吉市の打吹山（二〇四メートル）は「箱庭富士」と呼ばれています。

鳥取県のふるさと富士は四座で、一座は郷土の富士、三座が「おらが富士」です。

島根県津和野町の青野山・妹山・芋山（九〇八メートル）も、三瓶山と同じ「石見富士」と呼ばれています。青野山は火山ですが、活火山ではありません。松江市の枕木山（四五三メートル）も、三瓶山のもう一つの呼称と同じ「出雲富士」と呼ばれています。松江市にあるもう一つの「おらが富士」である御的山（三三二メートル）は「御津富士」です。

安来市には独松山（三二一メートル）があり「田舎富士」と称されています。雲南市の高の峯山（四一二メートル）は「赤川富士」です。江津市の室神山（二四六メートル）は「浅利富士」、その西の益田市は大道山・打歌山（四二〇メートル）は「益田富士」と呼ばれています。

島根県もふるさと富士は八座で、郷土の富士が一座、「おらが富士」は七座です。日本海側としては多くの富士山があります。

5　富士山が並ぶ讃岐平野

讃岐平野には点々と「讃岐七富士」が点在しています。花崗岩の基盤の上に噴出した安山岩の溶岩はサヌカイトと呼ばれています。サヌカイトは侵食が進み、丘状の山になり、さらに現在の孤立したドームのような小山が出現しました。地元には瀬戸内海をまたいでやってきた巨人オジョモが小山を造ったという「オジョモ伝説」が残ります。

讃岐七富士の第一は讃岐平野で最も目立つ丸亀市と坂出市にまたがる飯野山（四二二メートル）です。低い山ながら、円錐形のその山容は美しく、富士山に似ているので「讃岐富士」と呼ばれています。山頂にはオジョモの足跡や大天狗と呼ばれる巨岩が磐座を囲むように点在しています。山頂からは讃岐平野の山々と瀬戸内海が展望できます。その高さから四月二二日を「讃岐富士の日」としています（写真28）。

写真28　丸亀城本丸から見た讃岐富士

　高松市の西に位置する六ッ目山《むつめやま》（三一七メートル）は「御厩《みやま》富士」、「讃岐富士」と呼ばれます。六ッ目山に続いて伽藍山（二一六メートル）、狭箱《はざこ》山（一五六メートル）と同じように「おむすび」のような三角形の山が並んでいます。地元に残る桃太郎伝説とも結びつき、「おらが富士」ではありませんが象徴的な存在になっています。

　観音寺市の江甫草山《つくもやま》（一五三メートル）は「江甫山」あるいは「九十九山」とも書きます。山体西側が瀬戸内海の燧灘《ひうちなだ》に突き出て九十九崎を形成しています。海岸に位置しているので「藻が着く山」から、この山名になったと言われています。周囲にさえぎるものが無いので、眺望は素晴らしく、瀬戸内海はもちろん観音寺市内や愛媛の山々が一望できます。

讃岐七富士には他に以下の山々が並びます。

白山	二〇三メートル	三木富士	三木町
堤山	二〇二メートル	羽床富士	丸亀市
高鉢山	五一二メートル	綾上富士	綾川町
爺神山	二一〇メートル	高瀬富士	三豊市

綾川町の十瓶山（二一六メートル）は「陶富士」です。

小豆島の小豆島町には富士山（一九一メートル）があります。名前そのものが富士山ですから、島の人々の山への気持ちが伝わってくるように思えますが、標高が低いためか私が調べた地図帳（『旅に出たくなる日本地図』帝国書院、二〇二二）には記載されていませんでした。

香川県の「おらが富士」は九座あり、四国では徳島県や高知県の倍以上の数です。その中に富士山そのものが一座含まれています。香川県の地形による結果と考えます。

6　それぞれの富士・徳島・愛媛・高知

徳島県には三座の「おらが富士」がありますが、そのうち二座は「阿波富士」と呼ばれています。吉野川市の高越山《こうつざん》（一一三三メートル）、阿波市の城王山（六三二メートル）はともに吉野川流域沿いの山ですが、それぞれ「阿波富士」と呼ばれています。高越山は標高一〇六〇メートル付近の南尾根に、国の天然記念物に指定されている「船窪のオンツツジ群落」があります。高さ五メートル以上のツツジの群落で、五月後半に紅色の花が開き、見事な景観が楽しめます。

海部郡美波町に所在する「山名」が千羽富士（一二九メートル）の山は「おらが富士」でも同じ「千羽富士」と呼んでいます。

愛媛県四国中央市にある赤星山《あかほしやま》（一四五三メートル）は燧灘に面し、そびえ立つ姿は美しく「伊予小富士」や「小富士」と呼ばれています。赤星は昔から豊年星と呼ばれ、農耕の神とされていました。豊作を祈る山岳信仰から地元の美しい山に「赤星」と命名し、「小富士」と呼ぶようになったのではないでしょうか。

愛媛県と高知県の県境の四国山地には「伊予富士」（一七五六メートル）があります。燧灘に面した新居浜平野の背後で、四国最高峰の石鎚山《いしづちやま》（一八九七メートル）の東隣に位置し、石鎚国定公園に属します。

松山市にも小富士山（二八二メートル）があり、やはり「伊予小富士」と呼ばれています。同じように大洲市にも富士山（三二〇メートル）があり、「大洲富士」と称しています。同じような地元の人々の山に対する、あるいは自然に対する感覚があるのでしょう。

宇和島市に位置する権現山（四八九メートル）は「三浦富士」と呼ばれ、鬼北町にもかかる泉ヶ森・泉山（七五五メートル）は「三間富士」と称されています。

越智郡上島町の積善山（三七〇メートル）は「岩城富士」と呼ばれます。

愛媛県の「おらが富士」は七座です。隣の香川県ともども四国の瀬戸内側に数多く分布する傾向があります。多島海の瀬戸内海の地形に起因すると思われます。

高知県高知市には南国市との境界付近に位置する介良山《けらさん》（一七〇メートル）は小芙蓉山《こふようやま》とも呼ばれ、「介良富士」「小富士山《こふじやま》」と称されています。山全体が山麓にある朝峯神社の御神体で、富士山本宮浅間神社を勧請したのです。

高知市の鴻ノ森（三〇〇メートル）は「土佐富士」と称し、高岡郡佐川町には小富士（二〇七メートル）があり、「おらが富士」でも「小富士」です。

高知県の「おらが富士」も三座です。四国の「おらが富士」は少ないですが、「駿河の富士山」からの距離があり、人々の富士山への関心が低いのかもしれません。あるいは四国には石鎚山、徳島県の剣山と山岳信仰の山がほかにあり、人々の祈りの対象になっているので、富士山は必要なかったのかもしれません。

第10章　九州・沖縄の「おらが富士」

九州から南西諸島にかけての火山は、西日本火山帯フロントに属します。これまでにも多くの火山噴火が起こり、被害が出ています。

1　活火山の「おらが富士」

大分県の由布市・別府市は言わずと知れている日本有数の温泉地帯です。多くの泉源、豊富な湯量を誇る湯布院温泉がある湯布院盆地の東側に位置し、その東側にはやはり活火山の鶴見岳が並び、麓から仰ぎ見られ、地元の人々が日々手を合わせているのが由布岳《ゆふだけ》（一五八三メートル）で、「豊後富士」と呼ばれています。由布岳は東峰と最高峰の二つのピークがある双耳峰です。美しい山容から古くから神が住む山として、山岳信仰が盛んで『古事記』や『豊後国風土記』にも、その名が出ています。阿蘇くじゅう国立公園に属しています。

活火山で二二〇〇年前に大きな噴火活動がありましたが、有史以後の活動記録はありません。火山活動の定常的な観測体制はできていません。山頂には噴火口があり、その周遊は富士山と同じように、「お鉢回り」と称されています。

山麓の金鱗湖は温泉が流れ込み、冬季の早朝に湖面から湯気が立ち上り、幻想的な景観が創出されることが、観光客の人気を集めています。

写真29　阿蘇山の米塚

由布岳の南西に五〇キロメートル離れて、熊本県の活火山・阿蘇山が位置します。その火山体内にあるのが米塚《こめつか》（九五四メートル）で、その形から「阿蘇富士」と呼ばれています。米塚は阿蘇外輪山内の杵島岳の西側の火口原に噴出した火砕丘で、頂上には小さな火口跡が認められます（写真29）。

現在活発に活動している中央火口丘を形成している阿蘇五岳は、溶岩が露出して荒々しい景観を呈していますが、米塚は牧場にもなる草原の中に、お椀を伏せたような対称的で均斉のとれた山容です。阿蘇神社の祭神が米を積み上げて山を造り、貧しい人たちにその米を手ですくって分け与えた跡が、頂上の火口跡だという伝説があります。

有史以来の阿蘇山の火山活動は、すべて中央火口丘を形成している中岳からの噴火です。阿蘇山は日本でも最も活発に噴火を繰り返している火山の一つです。活火山体内に位置してはいますが、米塚からの噴火は今後も起こらないと推定されています。

阿蘇山の南、一〇〇キロメートルに同じ活火山の霧島連峰があり、霧島錦江湾国立公園に属します。一般的に霧島山と呼ばれますが、それは二十数個ある山々や噴火口の総称で、現在も噴火を繰り返しているのは、主峰の韓国岳《からくにだけ》、新燃岳《しんもえだけ》、高千穂峰御鉢火口だけです（写真30）。

その霧島連峰の北端に位置している夷守岳《ひなもりだけ》（一三四四メートル）が、その山の形や山麓の生駒高原の自然な姿から「生駒富士」と言われているようです。しかしこの呼び方には極めて違和感を覚えます。私は一九七一～一九七四年の約四年間、東京大学地震研究所の霧島火山観測所に勤務していました。霧島連峰北側の宮崎県小林市に住み、毎日、標高一〇〇〇メートルのえびの高原にある観測所まで通勤していました。

通勤バスは途中、霧島連峰北側の標高五〇〇メートルの生駒高原を通過し、夷守岳を見上げていました。生駒高原では当時でも、春には菜の花、秋にはコスモスの花畑を演出し、観光客を喜ばせていました。しかし、夷守岳を「生駒富士」と呼んだ記憶はないし、呼んでいることを聞いた記憶もありません。私の地元での交際範囲は決して広くはありませんでしたが、地元の自然愛好者の方々との交流はかなり密にありましたので、当時から地元で呼ばれていたのなら、私の耳にも入っていたのではないかと思います。

その後、この件について私から話を聞いたやはり霧島火山観測所に勤務の経験がある小山悦郎氏が、地元の宮崎県小林市の市役所に問い合わせてくれました。市役所の答えは、現在確かに「生駒富士」と呼ぶ人がいるが、それは二一世紀に入ってから、呼び始められたようだとのことでした。起源ははっきりしませんが、

写真 30　霧島連峰の高千穂峯と手前は新燃岳

私が在職していたころにはそのような呼び方はなかったようです。少なくとも富士山にあやかり、呼ばれるようになったのではなさそうです。

ほかの「おらが富士」と比べても、夷守岳の姿は「おらが富士」と呼んでも決してひけをとりませんが、「霧島連峰の」、あるいは「霧島山の夷守岳」で十分に通じる山だと思います。霧島山の高千穂峰は、天孫降臨の地として第二次世界大戦前の日本人は誰でも知っている名峰、霊峰であり、韓国岳（一七〇〇メートル）は、「からの国（実際には朝鮮半島）も見える」として名づけられた山です。

トカラ列島の鹿児島県十島村の中の島の北側に位置している御岳（九七九メートル）は「トカラ富士」とも称せられます。鹿児島市の南南西、屋久島をはさんでおよそ二〇〇キロメートル、中の島はその南で現在でもカルデラの火口からは活発な噴火が繰り返されている諏訪之瀬島とともに、活火山に指定されている山です。一九一四年、山頂からの小規模な噴火があり、泥土が噴出し、一九四九年には多量の噴煙が認められましたが、それ以来活動は確認されていません。

九州にある「おらが富士」で活火山は、ここに紹介した由布岳、阿蘇山、霧島連峰、御岳の四座と郷土の富士で紹介した開聞岳の五座です。また宮崎県には夷守岳以外に「ふるさと富士」はありません。日本で最もふるさと富士の少ない県です。私は、それは高千穂峰が存在しているからではないかと思います。天孫降臨の地である高千穂峰は多くの日本人にとって富士山と同じように、あるいはそれ以上に神々しい山なのです。地元の人々は、もちろん毎日手を合わせて、祈る対象だったのでしょう。たとえ高千穂峰が見えない、宮崎県の北部に住む人々も、南に向いて手を合わせていたのではないかと想像しています。

コラム10 「山」の字の高千穂峰

霧島連峰の東端に位置するのが高千穂峰です。神話の天孫降臨の地に比定されていますが、同じ宮崎県の高千穂町がその地とする意見があり論争を続けています。高千穂町には天岩屋があり、高千穂峰の頂上には天の逆鉾が立られています。天の逆鉾がいつごろ立られたのかは、分かっていませんが、江戸末期に坂本龍馬が訪れ、逆鉾を引き抜き、そのまま放置して降りたという逸話が残っていますから、江戸期から以前に立られたのです。天孫降臨地比定の議論の中では、天の逆鉾があるから高千穂峰がその地とする意見が優勢と聞いたことがありますが、現在その議論がどうなっているかは知りません。

高千穂峰で私が最も心を打たれたのはその形です。高千穂峰の西側には御鉢火口が広がり、東側の斜面には古い火口の脇にピークがあります。中央の高千穂峰の頂上には噴火口はありません。そのため、北側あるいは南側から眺めると、高千穂峰はまさに「山」の字なのです。山の字型の地形は、山脈の山並みの至る所で見られますが、真ん中が高く、両側が適度に低いバランスの取れた「山」の字は、高千穂峰が最も適しています（写真30参照）。

写真31　天孫降臨の地に比定されている高千穂峰の頂上に立つ天の逆鉾。逆鉾の向こう側には祠が置かれている。

西側の御鉢は七八八年からその噴火が確認され、霧島山の噴火はほとんどこの御鉢火口と新燃岳からの噴火です。一九一四年の大正の大噴火以来、桜島が活発に噴火活動を繰り返していますが、それ以前の明治時代は霧島山御鉢の活動が活発でした。

御鉢の西麓の高千穂河原は御鉢への登山口ですが、古代の遥拝場所として、祭祀遺跡が残されています。高千穂峰もまた神の山だったのです（写真31）。

2 九州の北から西に並ぶ「おらが富士」

可也山《かやさん》（三六五メートル）は福岡県の北端で、玄界灘に突き出た糸島半島にあり、糸島市の象徴として、人々に親しまれている山で、「糸島富士」のほか「筑紫富士」「筑前富士」「小富士」などとも呼ばれています。周辺に似たような山はないので山頂付近からの展望は絶景と称されています。糸島半島北端の二見が浦は夕日を眺める場所として知られています。糸島半島には日本最大の玄武岩洞の「芥屋《いや》の大門《おおと》」があり、国の天然記念物に指定されています。山体を含めて、江戸時代には巨石の産出場所として知られていました。

東海岸にある元寇の防塁跡も必見の場所と言えるでしょう。全体が玄海国定公園に含まれています。

毎年一一月から三月まで、糸島半島にある五つの漁港では、のぼりを立てた「牡蠣小屋」が開設され、訪れる客を楽しませています。

福岡県内陸の朝倉市には小富士（三五三メートル）があり、文字通り「小富士」と称されています。

田川市と嘉麻市にまたがる摺鉢山は（二一三メートル）は帝王山とも呼ばれ、「山田小富士」との異名もあります。

北九州市の貫山（七一二メートル）は芝津山とも呼ばれ、カルスト台地で「平尾台」「企救富士」などと称されています。直方市にもかかる六ヶ岳（三三九メートル）は「鞍手富士」と呼ばれています。

福岡県と佐賀県の県境、唐津湾に面し浮嶽（八〇五メートル）あるいは吉井岳が位置し、「筑紫富士」「松浦富士」と呼ばれています。

福岡県には六座の「おらが富士」があります。

佐賀県の伊万里湾の最深部、有田川下流の右岸に位置する腰岳《こしだけ》（四八八メートル）は子恩岳とも呼ばれ、「伊万里富士」「松浦富士」とも称せられています。腰岳は黒曜石の産地として、全国的に名が知られ、街のシンボルにもなっています。

伊万里市には城山（三四五メートル）もあり、「山代富士」と呼ばれています。鹿島市には琴路岳・藤の嶺（五〇一メートル）があり「能古見富士」、姫野市の唐泉山（四一〇メートル）は「肥前小富士」「藤津富士」、神埼市には日の隈山（一五八メートル）があり「西郷富士」です。

佐賀県の「おらが富士」は合計五座になります。

長崎県佐世保市の愛宕山《あたごやま》（二五九メートル）は山頂に愛宕神社があるので、その名が付いたようで、「相浦富士」「佐世保小富士」と呼んでいます。地元では古くから信仰の山だったのでしょう。城山という別名もあり、その富士山に似た美しい山容は地元の人々に愛され、霊山として参拝する人が多いです。「佐世保小富士」と呼んでいることが、地元の人々の山や自然に対する謙虚さが伝わってきます。

佐世保市にはほかに烏帽子岳（五六八メートル）の「佐世保富士」、赤崎岳（二四〇メートル）の「赤崎富士」、城ヶ岳（二五九メートル）の「五島富士」があります。それほど広い都市でもない佐世保市に四座も「おらが富士」のあるのは驚きです。地元の人々の信仰心の表れか、かつての軍港都市の名残でしょうか。

福江島の五島市の鬼岳（三一五メートル）も「五島富士」です。島と九州本土の両方に「五島富士」は鎮座しているのです。

平戸市の「小富士山」（二一七メートル）は「平戸富士」あるいはそのまま「小富士山」と呼ばれ、南島原市にある、ずばり富士山（一八〇メートル）は「富士山」として存在しています。長崎県の「おらが富士」は七座になります。

3　肥後の国の「おらが富士」

火の国熊本、活火山阿蘇の活動する熊本県にも、本章1節で紹介した「米塚」以外にも九座の「おらが富士」が存在しています。すべて標高は一〇〇〇メートル以下の山です。

八代市の矢山岳（八六九メートル）は「肥後の小富士」と呼ばれています。上益城郡甲佐町にかかる甲佐岳（七五三メートル）は文字通り「甲佐富士」です。

天草諸島の天草には「天草富士」が三座並んでいます。天草市にある産島（二六二メートル）、上天草市にある高杢島（一三九メートル）と龍ヶ岳（四七〇メートル）がともに「天草富士」と呼ばれます。

山鹿市の震岳（四一六メートル）は「肥後小富士」「鹿本富士」と称されます。山鹿市から南南東におよそ三〇キロメートルの西原村の高畑山（七九六メートル）は「肥後の小富士」あるいは「河原富士」と呼ばれています。山鹿市の「肥後小富士」と意識的に使い分けられたのか興味がある呼び方です。

球磨郡あさぎり町の高山（二七五メートル）は「相良富士」、鹿児島県境にある水俣市の矢筈岳（六八七メートル）は「出水富士」です。

それぞれの地域で祈りの対象とか敬愛する対象が分かればよいのですから、同じ名前がついていても、それぞれの地域では混乱しないのでしょう。

熊本には米塚も含めて合計一〇座の「おらが富士」が存在しています。

4　国東半島の「おらが富士」

国東半島のほぼ中央にそびえる屋山《ややま》は山全体が大きな屋根の形をしていて、見る方向によっては、その姿を変えるので八面山《はちめんざん》（五四三メートル）とも呼ばれ、「高田富士」と称せられています。国東半島では六つある郷で発展した仏教文化を六郷満山文化と呼びますが、豊後高田市には寺院などの文化財が数多く点在しています。西の市街地から見ると屏風か衝立のようにそびえ、北や南から見るとすらりとした姿の山です。周囲の景観は奇岩が並び、その姿は国東半島で最も美しい山と言われています。四季を通じての自然美が人々を楽しませています。

豊後高田市に所在する尻付山（五八七メートル）は「大岩屋富士」と呼ばれています。

熊本県との県境にある玖珠郡九重町の涌蓋山（一五〇〇メートル）は「玖珠富士」、熊本県側の呼び名は「小国富士」と称されています。同じく玖珠郡玖珠町の伐株山（六八六メートル）も「玖珠富士」で、日田市にまたがる月出山岳（六七八メートル）は「日田富士」と呼ばれています。

国東市の来浦富士または龍ヶ岳（五二七メートル）はそのまま「来浦富士」です。

国東半島北東の六キロメートル沖合の周防灘に浮かぶ姫島村の矢筈岳（二六七メートル）は「姫島富士」、竹田市の小富士山（四五七メートル）もそのまま「小富士山」です。

大分県の「おらが富士」も由布岳を入れて九座です。

5　薩摩の「おらが富士」

薩摩川内市の東に五〇万年～三五万年前のカルデラ噴火で出現した地形がそのまま残され、特異な自然景観を呈しています。噴火口跡に水が溜まった藺牟田池《いむたいけ》を囲むようにドーム状の山が並んでいますが、その東側に飯森山《いいもりやま》（四三一メートル）が位置し、その富士山に似た美しい地形から「藺牟田富士」と呼ばれています。山頂からは東に霧島連峰、南に桜島が見える絶景が一望できます。

池の中にはヨシ、イグサ、マコモなどが枯れて堆積した浮島が見られます。現在でも池の中にはジュンサイが生育しています。一九二一年に「藺牟田池の泥炭形成植物群落」として国の天然記念物に指定されています。大正時代までは付近一帯は畳表に使うイグサの一大産地でした。

湖畔はカルガモの繁殖地であり、二〇〇五年にはベッコウトンボや水鳥の生息する貴重な湿地としてラムサール条約に登録されました。

大口盆地に位置する伊佐市の北西にある鳥上岡《とがめおか》（四〇四メートル）はその美しい山体から「伊佐富士」と呼ばれ、気楽に登れるので、地元の登山愛好家に親しまれています。市内を流れる川内川にある曾木の滝は東洋のナイヤガラなどと呼ばれていますが、もちろんナイヤガラにははるかに及ばないスケールですが、見る価値のある滝です。

肝属郡南大隅町の辻岳（七七三メートル）は錦江湾口に面し、「根占富士」と呼ばれています。鹿児島県の「おらが富士」は、離島を含めて五座です。

6　沖縄の「おらが富士」

沖縄にも「ふるさと富士」があると聞き、大きな関心が湧きました。沖縄県民がいつから駿河の富士に興味・関心を示し、日本の象徴としての認識を持つようになったのかです。それは第二次世界大戦中か以後ではないかと推測します。大戦中としたら、沖縄に派遣された本土の兵隊さんたちが、富士山の形をした山を「おらが富士」と考えたのではないかと思います。戦後ならば進駐軍の「フジヤマ」の言葉から、自分たちの富士山を探したのではと考えました。

最近になって知った知識です。第二次世界大戦末期対馬丸は疎開船として、沖縄の那覇から長崎に学童や民間人一七〇〇名を運ぶ途中の一九四四年八月二二日、アメリカの潜水艦の魚雷攻撃で撃沈されました。そのわずかの生存者の一人が語っていました。親と別れるのはつらいが本土に行け

写真32　沖縄の「おらが富士」の一つ運玉森（ウンタマモー）

ば「雪が見られる」と、皆期待していたというのです。おそらく白扇を逆さにしたというような富士山の雪の話から美しい雪のイメージで、沖縄の子供たちにも興味が持たれていたのでしょう。

　帝国書院発行の『旅に出たくなる（日本）地図』（二〇二二）の二二〇頁には、本部半島の北西端本部町に「本部富士」（二三七メートル）の記載があり、地元の呼び名は「ミライム」です。沖縄本島中部の付近一帯は、第二次世界大戦末期、米軍が読谷村付近から沖縄本島へ上陸し、北上してきた激戦地でした。沖縄本島の基礎の岩盤は石灰岩層です。本部半島は石灰岩が融けて形成されたカルスト地形が発達しています。石灰岩が融け残って形成された丘は残丘と呼ばれますが、円錐形の残丘が点在します。このようなカルスト地形は日本ではただ一つです。ミライムもその一つで沖縄海岸公園に属しています。近くにある今帰仁《なきじん》城址は世界文化遺産に登録されていますが、凹凸のあるカルスト地形を巧みに利用して築城されています。

　本部半島の付け根の北側、東シナ海に面した大宜味村の塩屋湾に連なる山地にあるのが塩屋富士（三一七メートル）で、「塩屋富士」として地形図にも示されています。山頂付近には樹木が茂り、眺望は得られません。山容も平坦で富士山には似ているとは言えません。

那覇市の東側、中城湾に面した西原町と与那原町の境界に位置する運玉森（方言でウンタマモー、ウンタマイ：一五八メートル）はその美しい山容から「西原富士」とも呼ばれ、頂上からは眼下に街並みや集落、知念半島や中城湾の眺望が広がります。琉球王朝時代は聖地「オンタマ嶽」で信仰の対象でした。「嶽」は沖縄の至る所で見られますが「ウタキ」と読みます。広い面積を占める神秘的な「嶽」もあれば、民家の庭の隅にも「嶽」はあります（写真32）。

コラム11　カルデラ噴火と阿蘇山

火山用語にはカルデラと言う言葉がたびたび出てきます。カルデラは一般には火山性陥没地で、火山体の中にできた大きな円孤状の窪みです。一般には火山の噴火口は大きくても直径一キロメートル以下の窪みですが、火口と比べてはるかに大きな窪みがカルデラです。カルデラは侵食カルデラ、爆発カルデラ、陥没カルデラなど、その成因によって大別されます。

侵食カルデラは火山体の山頂部などが侵食を受け、拡大した大きな窪みです。ハワイのマウイ島などがその例です。

爆発カルデラは大規模な水蒸気爆発によって山体が吹き飛ばされ、馬蹄形（U字型）の凹地形が形成されたもので、一八八八年の磐梯山の噴火で生じた北側斜面などがその例です（第3章第6節参照）。

陥没カルデラは火山噴火が繰り返され、地下から大量の火山噴出物が放出され、空洞になった地下に陥没が起き、巨大な凹地が形成されたのです。阿蘇山の創出はその典型的な例です。およそ三〇万年前から九万年前の間に四回の大噴火が発生して現在の阿蘇カルデラが出現したと考えられています。カルデラを形成するような噴火をカルデラ噴火と呼びます。

現在の阿蘇カルデラは南北二五キロメートル、東西一七キロメートルで、カルデラ縁の高さは三〇〇メートルから七〇〇メートルで、その外側には広大な火砕流台地が広がっています。

世界最大と言われるそのカルデラの中の南側部分に阿蘇五岳を含め十数個の中央火口丘が並び、米塚もその一つです。現在、阿蘇山の噴火活動は主に中央火口丘の中岳を中心に起きています。阿蘇山の噴火に備えたシェルターは中岳火口の周辺に設けられています。

カルデラ内には鉄道も走り阿蘇市と高森町に五万人の人が生活しています。

二〇二〇年から二〇二一年頃の事と記憶していますが、四国電力伊方原子力発電所の運転を、阿蘇山の噴火の可能性があるからとして、差し止める判決が広島高等裁判所で出されました。これに対し別の裁判では運転差し止めの判決を覆す判決が出て、原発推進、原発反対両者に混乱を起こしました。

運転差し止めの理由は、九万年前の阿蘇山の噴火では、北東に一三〇キロメートル離れている伊方原発まで火砕流が到達している。ふたたびそのような噴火が起これば原発事故につながるから、伊方原発は稼働すべきでないという判決でした。

私はこの判決に極めて違和感を覚え、同時に裁判官の科学的知識に疑問を持ちました。その第一の理由は九万年前の噴火はカルデラ噴火と称され、阿蘇カルデラが形成された大噴火です。そのカルデラが形成された後は、現在とほぼ同じような中央火口丘からの噴火が繰り返されています。中央火口丘からの現在の噴火では、カルデラ噴火と比べれば、その規模は数十分の一と小さく、とても遠方の伊方原発が被害を受ける可能性はほとんどありません。原発の稼働期間はどんなに長くても数十年でしょう。そう考えると噴火の可能性は限りなくゼロに近いのです。

第二の理由は、自然科学では何が起こるかは明言できず、何事にも「絶対」と言う言葉は使えませんが、日本列島に日本人の祖先が住みだしたかどうかも分からない九万年前の時代に起こった噴火が、原発の稼働が可能なこれから数十年間に起きる可能性はほとんど考えられないのです。それなのに可能性ありと判断していることです。原発が稼働しているこれから先数十年の間に、そのようなカタストロフィが起こる可能性は、限りなくゼロに近いでしょう。裁判官はその点の理解が不十分な人だと思います。

阿蘇カルデラを形成したカルデラ噴火と、現在の阿蘇山の噴火活動は全く性質の異なる活動です。その点を裁判官は理解していなかったのです。

なお日本列島周辺では最近のカルデラ噴火としては、およそ七三〇〇年前に発生した九州南部の大隅諸島内の鬼界カルデラです。それ以後カルデラ噴火は発生していません。

第11章　外国の富士山

1　世界の富士概観

地球上には富士山に似た山はかなりあります。そのほとんどは成層火山ですから、環太平洋の火山帯に位置しています。それらの山を地元の人たちが「〇〇富士」と呼ぶわけではなく、すべては日本人による命名です。

南北アメリカ大陸の富士山の多くは移民した日本人が望郷の念から付けられたと理解しています。アンデス山脈には日本の富士山と見間違えるほど、富士山にそっくりの山があります。しかし、ブラジルやパラグアイの富士山は、とても日本の富士山に似ているとは言えません。やはり望郷の念からとにかく近くの山を富士山と呼んだのでしょう。

インドネシアは第二次世界大戦中に出兵した兵士たちが、故郷を思い、家族を思い命名したのでしょう。残念ながらインドネシアの火山は雪は降らず、山体は白くはなりません。しかし成層火山は点在していますので、山容は富士山に似た山です。白扇を逆さにした姿こそ見られませんが、その姿を眺めることにより、日本を思う感情に、インドネシアの火山は十分に答えてくれたのでしょう。

台湾に「〇〇富士」が多いのは、日本人が統治時代に名づけたのでしょう。在留邦人の命名もあるでしょうが、日本人への同化政策で「富士山」を教える意味でつけられたのではないかと推測します。少なくとも信仰の対象として呼ばれるようになったとは思えません。

カムチャツカ半島から千島列島の富士山は、日露戦争から第二次世界大戦の間に現地に滞在したり、訪れたり、樺太に居住していた人々など、日本人の往来があり、その間に命名されていたのでしょう。

トルコやイラン、ニュージーランドの富士山は、旅行ブームが始まった一九六〇年代以後、現地を訪れた日本人旅行者の感想から、旅行会社の添乗員などから広まったのではないかと思います。

写真33 アララト。右側の大アララトにノアの箱舟が漂着したと伝えられている。左側の小アララトでも富士山よりは高い。

トルコのアララト山はノアの箱舟の流れ着いた山として有名です。アルメニア領だったところがトルコ領になり、アルメニア人にとっては痛恨の気持ちで眺めている山です。その背景も知らず日本の旅行者が、かってに「トルコ富士」と呼ぶのは、アルメニア人にとっては屈辱以外の何物でもないでしょう。せめて「アルメニア富士」と呼んで欲しいと思います。いや呼ぶべきでしょう（写真33）。

なおアララト山は大アララト（五一三七メートル）とその南東の小アララト（三八九六メートル）があります。ノアの箱舟が流れ着いたのは大アララトとされています。小アララトでも富士山よりは高い山です。

イタリアのシチリア島にあるエトナ火山（三三九五メートル）は、世界的にも研究の進んでいる火山です。このような火山に、日本人がかってに「シチリア富士」などと呼ぶのは、極めて失礼な命名だと思います。イタリア人が富士山を見て「ジャパンエトナ」、「オリエントエトナ」などと呼んだら、日本人はどんな感情を持つでしょうか。しかし、私にはエトナ火山はサイズ的には富士山とほぼ同じですが、山容はややのっぺりとしていて富士山のほうが、数倍も美しい山と感じています。

ニュージーランドも日本と同じ火山国です。旅行者が多くなった一九七〇年代ごろから誰が言い出したか分かりませんが、いくつかの火山を「富士山に似ている」と感じるのは自然の感情だと思います。おそらく繰り返し訪れる旅行の添乗員たちにより、広がった命名だと思います。

日本人が外国の富士山に似た山を「〇〇富士」と呼ぶのは自由ですが、それは個人の範囲に留めるべきでしょう。それぞれの山に歴史があります。それを知らずに自分の感覚を押し付けるのは控えるべきことです。

2　富士山らしい富士

南アメリカ大陸でチリの首都サンチャゴから南端のプンタアレナスに飛んだ時の事でした。左側の窓からアンデス山脈を眺めていると、突然火山と思われる山が見えだしました。アンデスの山並みの中で、独立峰に近い山容なのです。そんな山をいくつか眺めているうちに、衝撃を受ける山容が目に入ってきました。それは富士山のように円錐形の独立峰であり、頂上まで尖っているので「天に延びる」姿は、富士山以上です。まさに、「富士山らしい富士ヤマ」に見えたのです。

チリの「おらが富士」はビジャリカ山（二八四七メートル）とオソルノ山（二六五二メートル）の二座です。ビジャリカ山は現在も活発に活動していますが、オソルノ山は『理科年表』にも記載されておらず、現在は活動していないようです。ただ私は標高は富士山よりは低いですが、富士山に極めて似ている、山頂のとんがり具合からは富士山同様かそれ以上の均斉がとれている山との印象を持ちました。

同じような経験はニュージーランドでもありました。日本と同じ島国のニュージーランドは、北島と南島に大別され、北島は火山島で多くの火山や温泉があり、南島は山頂が氷河に覆われているサザンアルプスが存在する好対称の地形が見られます。そして北島のドライブ中に見たトンガリロ国立公園の火山群は確かに、どれも富士山に似ているようでした。トンガリロ（一九七八メートル）、ナルホエ（二二〇〇メートル）、ルアペフ（二七九七メートル）の火山が並び、ルアペフ火山は、北島の最高峰であり活動を続けている火山です。私の感じではトンガリロが最も富士山に似ているように感じましたが、やはり三座の中では一番低いので、日本人は「おらが富士」とは考えず、最高峰のルアペフを「おらが富士」と呼んだのでしょう。

なおトンガリロ国立公園は先住民のマオリ族の聖地で、早くから国が管理しており、現在は世界複合遺産に登録されています。

私はニュージーランドで最も日本の富士山に似ていると考える山は、北島南西端のエグモント国立公園内のタラナキ山（二五一八メートル）です。やはり『理科年表』には活動記録がありませんが、山容は山頂が富士山よりやや突き出た感じですが、よく似ています。

我が富士山の美しさは、頂上が突き出ていないから、安定感があるのです。ある程度の高さも必要です。このある程度の高さは、その火山周囲の環境にもよるでしょうが、一応は三〇〇〇メートル程度としておきましょう。標高三〇〇〇メートル以上の独立峰で、バランスの取れている火山は、地球上にもそれほど多くはないでしょう。

私自身は、外国の火山が富士山に似ていても、成層火山ならどの火山も似たような形をしているのですから、わざわざ「富士」をつけて呼ばなくても良いだろうと考えています。

コラム12　しこ名の富士山

二〇二四年三月場所（大阪場所）、日本の大相撲は大騒ぎになりました。新入幕で幕尻の力士・尊富士が幕内優勝を飾ったのです。尊富士の優勝で「〇〇富士」の付くしこ名の力士たちが注目されるようになりました。同じ場所で人気が出た一人が熱海富士で、「ふるさと富士」にもありそうなしこ名ですが、童顔の笑顔で人気を博しました。

「〇〇富士」のしこ名の力士で、最初に横綱になったのは、第四〇代横綱東富士欣壱でした。引退後はプロレスラーになり、力道山とともにプロレス草創期のパイオニアでした。

第五二代横綱北の富士勝昭は九重部屋の関取で「富士」を名乗り、幕内優勝一〇回をはたした大横綱で、引退後は相撲解説者として人気が出ていました。

二〇二四年五月場所（夏場所）は照ノ富士が一人横綱でしたが、二〇一〇年代には横綱「日馬富士」

が活躍していました。二人ともモンゴル出身の力士です。現在「〇〇富士」を名乗る多くの力士の所属は伊勢ケ浜部屋で、そこの親方も現役時代は「旭富士」のしこ名で活躍していました。

二〇二五年三月場所の番付表では、「〇〇富士」の力士は、役力士はおらず、幕内力士五名、十両力士一名です。やはり美しさと強さを期待しての命名でしょう。

3 私の富士山

私はこっそりと二つの火山に、かってに「富士」の名前を与えています。二つとも南極にあるアメリカのマクマード基地やニュージーランドのスコット基地から見える山です。その第一は「マクマード富士」です(写真34)。

マクマード基地のあるマクマードサウンド(入り江)の最奥に鎮座するディスカバリー山(二六八一メートル)は、形はややずんぐりですが、マクマード入り江に面しているので重厚な姿に見えます。山名の命名は一九〇一年のスコット率いるイギリス南極探検隊の船の名です。マクマード入江は南緯七七度、地球上最南端の航海可能な海域です。

ディスカバリー山の山麓からマクマード入り江の海氷の上に多量の噴出物が流れ出ています。火山灰と火山礫が含まれていますから火砕流による堆積物だと推定されますが、噴出年代は分かりません。分からないとは言ってもその堆積物がほとんど表面を覆っているのですから何百年も前と言うほど昔ではなさそうです。一九〇一年からのスコット率いるイギリス探検隊の時代には、その堆積物の報告はなさそうですが、当時の機動力から調査ができていたかどうか分かりません。現在はヘリコプターからは白い海氷が汚れているのですぐ識別可能ですが、一〇〇年前では、それも定かではありません。

噴出した年代は明確ではありませんが、古くても一〇〇年、二〇〇年程度ですから、この火山が日本の定義から「活火山」であることには間違いなさそうです。私の「マクマード富士」の次の活動はいつか、それは人類に視認されるのか？　南極にあるだけに興味の尽きない疑問が次々に湧いてきます。

写真34　マクマード入り江に面して位置するディスカバリー山。付近の海域は地球上最南端の航海可能な海域。アメリカの砕氷船が浮かぶ。

もう一つの私の富士は「ロス富士」です。ロス島にあるから「ロス富士」ですが、これはすでに第1章5節で紹介したように、エレバス山（三七九四メートル）です。エレバス山もチェリー・ガラードが記しているように山頂が丸みを帯びており、重厚さはあるにしても、美しさは富士山には及びません。しかし私にとっては、一九七四年一二月に初めて見て以来、半世紀にわたって興味・関心を持ち続けている山なので、富士の名をつけてやりたいのです（写真35）。

エレバス山は一八四一年にジェームス・ロスが率いるエ

写真35　エレバス山とロス棚氷上を走るニュージーランド隊の犬ぞり。現在は南極への動植物の持ち込みはすべて禁止。

レバスとテラの二隻の船により発見されたときは、噴火を繰り返していて、山頂から赤い溶岩が流れ出しているのを乗組員たちが、視認していました。火山の無い国イギリスに育った彼らは雪と氷の世界で、火山が噴出しているのに驚いたようです。寒い、暑いは地球表面の現象、火山噴火は地球内部の現象ですから、南極で火山が噴火していても不思議ではありません。この付近の南極では、一月は夜になっても暗くなりません。暗くならないのに遠く離れた船上からも赤い溶岩が見られたことは、溶岩の温度が高温（おそらく一〇〇〇℃以上）だったことを示しています。このころのエレバス山の火山活動はかなり活発だったと想像できます。ロスは発見されたこの噴火している山にエレバス、その東側の高い山にテラとそれぞれ船の名をつけ、帰国しました。

二〇世紀に入り、イギリスのスコット隊がまず現在のハット岬で越冬、一九〇八年にはシャクルトン隊が西山麓のロイズ岬で、さらに一九一〇年からスコット隊がエバンス岬で越冬し、エレバス山は年間を通じて山麓から観察されていました。その頃は暗くなると山頂付近やその上の雲がボーッと赤くなる火映現象が観察されていました。火映現象は火口内に存在する溶岩湖の赤さが周辺に反射して赤く見える現象です。火口内に溶岩湖が存在していることは、エレバスの火山活動が活発だったことを示しています。

一九五七年には国際地球観測年が始まり、マクマード基地とスコット基地が開設され、エレバス山は再び、年間を通して観察されるようになりました。一九五七年には火映現象が観察されましたが、それ以来火山活動は静穏期が続いていました。一九七二年に小規模の水蒸気爆発が起こり火口内に溶岩湖が確認されました。山頂へは毎年夏のシーズンにニュージーランド隊が滞在して、観測や調査を繰り返し、一九七四年一二月にも溶岩湖は確認されていました。

エレバス山がそんな状態のときに私は初めてマクマード基地を訪れ、エレバス山の様子を関係者から直接聞くことができました。私の興味は完全にエレバス火山に向かいましたが、実はほかのミッションでマクマード基地に来ていたので、エレバス火山の山頂に行くことはできませんでした。

それからは機会あるごとにニュージーランドやアメリカの研究者と連絡を取り、一九七九年から日本、ニュージーランド、アメリカの三カ国による「エレバス火山の地球物理学的研究」と言うテーマのプログラムを開始しました。幸運なことに、一九八四年にはエレバス火山では中規模の火山噴火が発生し、私たちはついに爆発の瞬間、その前後のいろいろな現象のデータを取ることに成功しました。私たちの研究プログラムは一九九〇年で終了しましたが、観測期間内に爆発が起こったことが幸いして、火山噴火のメカニズムの解明までできました。一つの結論としては、エレバス火山の噴火活動は日本の北海道にある有珠山によく似ていることが分りました。

エレバス火山の研究は、私の極地研究所での最後の一〇年間の主要なテーマとなりました。エレバス火山は南極にありながら、日本の観測研究が進んでいる火山同様に、その噴火活動が解明されていると評価されるようになりました。そんな火山なので私はエレバス山を「ロス富士」と呼んでいます。自分で勝手に命名し、呼称しているだけですが、それで満足です。

おわりに――最後に一言

二一世紀に入って間もない頃でした。一部の火山研究者から、富士山が宝永の噴火をしてから三〇〇年が経過し、次の噴火は近いから備えるべきであるとの話が出ていました。これを受けたのか、少なくとも首都圏では富士山の噴火に備えるべく行政からの話がときどき発せられますが、それから一〇年以上が経過しても、富士山は噴火の兆候すら示していません。

火山の研究者に「富士山はいつ噴火するのか」と問うても、明確に答えられる人はいないでしょう。私だったら「明日は噴火しないが、明後日は分からない。しかし次の噴火は一〇〇年後くらいかもしれない」と真面目に答えるだろうと思います。聞いたほうは「この人は何を言っているのか？」との疑問を持つかもしれません。

このギャップはどこからくるのでしょうか。私は地球の寿命で富士山の活動を考えています。いっぽう、質問者は、少なくとも自分の生きている間に富士山が噴火する可能性がありそうだ、つまり人生一〇〇年（人間の寿命）の内には富士山は噴火すると考えて質問しています。つまりお互いの時間感覚に大きな隔たりがあるのです。

富士山が姿を現し始めた活動は四〇万年前ぐらいからです。その間に多くの火山活動が繰り返されましたが、それでも三〇〇年間、四〇〇〇年間と噴火活動が全く起こらない期間はしばしばありました。

しかし地球の寿命で考えると三〇〇年、四〇〇年の活動休止の時間は、富士山にとっては、ほんの一呼吸の休息に過ぎません。しかし、人間にとっては何世代にもわたり富士山は噴火しない山と考えるでしょう。或いはもう噴火活動は永久にしないだろうと考えるかもしれません。そのように考えられていた御嶽山が一九七九年、突然噴火して火山の研究者たちを驚かせたことは本書でも述べました。

こんな現象を見ると火山を調べるのも面白いと考える若者も現れるかもしれません。しかし、ほとんどの若者は、火山研究を目指しても、興味の湧く現象に出会える割合が少ないとなれば、しり込みするのも無理はありません。火山学を目指す学生が極めて少なく、火山国日本にとっては深刻な問題であることを、私は心配し続けていました。

「火山研究　地震の「30年遅れ」」という大きな見出しで報じられたのが、二〇二四年八月二六日の朝日新聞東京本社版（夕刊）のトップ記事です。さらに「予算4分の1　学者は6割」という見出しに続き以下の記事が掲載されました。

四月施行の改正活火山法で新たに制定された「火山防災の日」を二六日に迎えた。政府は四月に文部科学省に「火山調査研究推進本部」（火山本部）を発足させ、観測と研究を強化するものの、先行する地震研究と比べ、政府予算は約四分の一、研究者数は約六割にとどまり、「約三〇年遅れ」とも言われる。

政府は他の災害に比較して関心の低い火山災害への注意をひく目的を含め、国内初の火山観測所が一九一一年八月二六日に浅間山に設置された日を、今年から火山災害に備えるきっかけとする「火山防災の日」と定めた。

同じ地球物理学の分野のなかでも、日本の火山研究は確かに、地震学が先行してきました。地震予知連絡会の発足が一九六九年、火山噴火予知連絡会は一九七四年に発足しています。当時国立大学で地球物理学（地震学や火山学、測地学などを含む）の講座がある大学は、一〇指には足りず、その後少しずつ地球科学の講座が増えてはきましたが、現在ですら二〇大学はないだろうと思います。これに対し地質学、地理学などの講座はほとんどすべての理学部にあります。地震学や火山学では地質学や地形学の活躍する分野もありますが、地震予知、火山噴火予知という面に関しては、地球物理学的な手法が無ければ不可能です。そして、学部の学生を含めて、その教育を受ける学生が、極めて少ないというのが現状です。大学院への進学でも同じで、火山物理学を学ぼうとしても、そのような教育ができる大学は日本国内で十指にも満たないのです。

また大学や大学院内での教育の仕方も問題があります。火山の性質を知るためには最低地震計や傾斜計のような観測機器を山体周辺に設置して、長期間の観測が必要となります。しかし、目指す現象は簡単には起こりません。苦労して山体にまで観測機器を運び上げ観測を開始しても、なかなか結果が得られないのでは、（もちろん指導教官の指導方法にもよりますが）やる気もなくなるでしょう。

従って火山に興味を持った学生も、どこからか入手したある現象のデータを、手持ちのコンピュータに入れて解析し、結果を発表して満足をしていることが多いのです。

しかも、いくら良い論文を書いても、火山研究者の就職口は極めて少ないのが現状です。就職できなければいくら本人が熱望しても、火山研究者の道は開かれません。

実は火山学や地震学の現状は、決して明るいものではないのです。学生は観測は好まない、就職口はない、などの無いない尽くしの状況にあるのです。

実は私はこの事実を心配して拙著に書いたことがあります（『地震と火山の観測史』丸善、二〇〇二）。火山学を取り巻く環境はいまも当時と少しも変わっていません。さきほど紹介した記事には地震学が優位であるような印象で書かれていますが、実は地震学も同じなのです。学生が在学中に「地球の息吹」を知る機会は少なく、またそれを積極的に教えようとする教官も少なくなってきています。教える立場の教官自身も「地球の息吹」を感じない人が多くなっているのではと気になっています。

あとがき

日本列島に富士山があると、その存在が認められたのはいつごろからでしょうか。私は弥生時代からだと思います。当時の都から東国へ派遣される人の数は極めて少なかったでしょうが、それでもその数少ない情報ながら、少なくとも都人《みやこびと》の間には富士山の存在が認識され始め、時代とともに地方へも広がっていったのです。

飛鳥時代から奈良時代に入ると、富士山を知る人の数は少しずつ増加し、また情報も口コミから、『万葉集』に見られるように、文字を通しても届けられるようになったのです。

その間にも富士山は美しい山ではあるが、荒ぶる山であることも理解されていったでしょう。荒ぶる山の現実は奈良時代末から平安時代初期には朝廷も理解し、怒りを鎮めるために、山に神格化を導入したのです。

その頃には、人々の間にも、富士山が美しい山である噂も届き始めたでしょう。恐ろしい山と美しい山、恐怖と憧憬の相反する感情が人々の心に宿りはじめ富士山への民衆の祈りと憧れが形作られていったのです。

話には聞いても見ることもできない憧れと祈りの心が、地方の人々に「おらが富士」を考えさせるきっかけだったでしょう。そんなことを考えながら日本中の「おらが富士」をとりあえず並べてみたのが本書です。

「おらが富士」でも、その起源が二一世紀に入ってではないかと推定される宮崎県の「生駒富士」が出てきました。信仰の対象でもなく、山の形が酷似しているでもない山を、誰かが「富士」に見立てたのでしょう。私は追及できませんでしたが、このような例は他にもあるかもしれません。横幅が少し長い滝を「東洋のナイヤガラ」と呼ぶ感覚とあまり相違はないような発想で、私は好みません。富士山は日本人にとって最も崇高な山です。

深い考察までは進めませんでしたが、それでも地方ごとに、富士山への憧れ、恐怖が違う傾向も読み取れたと考えています。皆さんが、自分自身の自然への思い、富士山への思いを考えながら読んで頂けたら、本書の執筆の目的は達成したと考えます。

写真を提供いただいた小山悦郎、荒井照雄、定秀陽介、土居たかね、土居亜紀、三浦禮子、大下和久、片島千枝子の皆さんに心から感謝申し上げます。

二〇二五年三月

神沼克伊

著者　神沼克伊（かみぬま・かつただ）

1937年神奈川県生まれ。固体地球物理学が専門。国立極地研究所ならびに総合研究大学院大学名誉教授。東京大学大学院理学研究科修了（理学博士）後に東京大学地震研究所に入所し、地震や火山噴火予知の研究に携わる。1966年の第八次南極観測隊に参加。1974年より国立極地研究所に移り、南極研究に携わる。2度の越冬を含め南極へは15回赴く。南極には「カミヌマ」の名前がついた地名が2箇所ある。著書に『南極情報101』（岩波ジュニア新書、1983）、『南極の現場から』（新潮選書、1985）、『地球のなかをのぞく』（講談社現代新書、1988）、『極域科学への招待』（新潮選書、1996）、『地震学者の個人的な地震対策』（三五館、1999）、『地震の教室』（古今書院、2003）、『地球環境を映す鏡　南極の科学』（講談社ブルーバックス、2009）、『みんなが知りたい南極・北極の疑問50』（ソフトバンククリエイティブ、2010）、『白い大陸への挑戦　日本南極観測隊の60年』（現代書館、2015）、『南極の火山エレバスに魅せられて』（現代書館、2019）、『あしたの地震学』、（青土社、2020）、『あしたの南極学』（青土社、2020）、『あしたの火山学』（青土社、2021）、『あしたの防災学』（青土社、2022）、『地球科学者と巡る世界のジオパーク』（丸善出版、2023）、『地震学の歴史からみる地震防災』（丸善出版、2024）、『南海トラフ地震はいつ来るのか』（ロギカ書房、2025）など多数。

日本列島「富士」案内

地球物理学者、富士を語る

2025年3月30日　第1刷印刷
2025年4月14日　第1刷発行

著者――神沼克伊

発行人――清水一人
発行所――青土社

〒101-0051　東京都千代田区神田神保町1-29　市瀬ビル
［電話］03-3291-9831（編集）　03-3294-7829（営業）
［振替］00190-7-192955

印刷・製本――双文社印刷

装幀――水戸部功

ISBN978-4-7917-7706-8